# Die spin-nen, die Quanten

Wie tickt die Welt? Nicht so, wie es scheint!

Bernhard Komma

# DIE SPIN-NEN, DIE QUANTEN

## WIE TICKT DIE WELT?
## NICHT SO, WIE ES SCHEINT!

Ein unterhaltsamer und spannender
Ausflug in die mysteriöse Welt
der kleinsten Teilchen

Was veranlasst einen 68-Jährigen, der vor seinem Renteneintritt als Bereichsleiter für Controlling, Finanzen und Rechnungswesen tätig war, mit den Fachgebieten der Physik also keinerlei Berührungspunkte hatte, sich mit dem Thema Quantenphysik zu befassen.

Nun, wie so oft, hatte der Zufall die Hand im Spiel. Während eines Arztbesuches las der Autor einen wissenschaftlichen Artikel über das verblüffende Phänomen der Quantenverschränkung. Postwendend war sein Interesse an den Elementarteilchen geweckt. Er tauchte nach und nach in die verrückte Welt der Quanten ein, denn die Neugier wuchs mit jeder neuen Recherche. Die Frage, wie denn unsere Welt in ihrem Innersten aufgebaut ist und wie sie wohl tickt, beschäftigt ihn noch heute.

Bernhard Komma, Jahrgang 1952, lebt mit seiner Familie auf dem Land in der Nähe seiner Geburts- und Heimatstadt Backnang. Die spin-nen, die Quanten ist sein Erstlingswerk.

**Bibliografische Information der Deutschen Nationalbibliothek**
Die Deutsche Nationalbibliothek verzeichnet diese Publikation in der Deutschen Nationalbibliografie; detaillierte bibliografische Daten sind im Internet über http://dnb.dnb.de abrufbar.



Lektorat: Kelly GmbH
Umschlaggestaltung, Satz, Herstellung und Verlag:
BoD – Books on Demand, Norderstedt

ISBN: 978-3-7568-0340-8

# Inhalt

# Vorwort

Was bringt einen 68-jährigen, nur mit den Grundkenntnissen der Physik ausgestatteten Menschen dazu, sich mit der Quantenphysik zu beschäftigen und darüber ein Buch zu schreiben?

Als bisher passionierter Leser von Kriminalromanen bekam ich vor einigen Jahren einen Artikel zur Quantenverschränkung in die Hände.

Zunächst verstand ich diesen nur rudimentär. Als ich mich dann aber via Internet mit der Thematik befasste, war die Welt der kleinsten Teilchen so paradox, interessant und spannend, dass mir ein Krimi dagegen als äußerst langweilig erschien.

Die fantastische Welt, die sich auftat, ließ mich nicht mehr los. Neben dem allgemeinen Verhalten der Quanten galt mein Interesse auch dem Zusammenspiel kleiner und kleinster Bausteine beim Menschen und im Universum. Die Quantenphysik zeigte mir dabei auf, dass unsere Welt eine revolutionär andere ist, als ich mir dies je vorgestellt habe.

Schwierig war es als Nichtphysiker allerdings immer wieder, die meist sehr fachspezifisch und wissenschaftlich ausgerichteten Bücher und Artikel zu verstehen. So entwickelte und verstärkte sich nach und nach der Wunsch, ein unterhaltsames Buch in einfacher Sprache und weitestgehend ohne Formeln zu verfassen. Man sollte es mit Spaß und Vergnügen lesen können, es sollte informieren, in gewisser Weise spannend sein, und letztendlich sollte es das eine oder andere Mal auch zum Nachdenken anregen. So entstand ein Buch vom Laien für den Laien.

Sie müssen daher keine Angst haben, dass Sie die Thematik nicht verstehen werden. Ich denke, das schaffen Sie mit links.

Und wenn Sie dennoch mit dem einen oder anderen Zusammenhang ein Problem haben sollten: Keine Panik, dann geht es Ihnen eben genauso wie mir. Aber wir sind ja in bester Gesellschaft.

Der geniale Physiker Richard Feynman äußerte einmal: *„Es gab eine Zeit, als Zeitungen sagten, nur 12 Menschen verständen die Relativitätstheorie. Ich glaube nicht, dass es jemals so eine Zeit gab. Auf der anderen Seite denke ich, es ist sicher zu sagen, niemand versteht die Quantenmechanik.“*[1]

»Non est, ut videtur«: „Nichts ist, wie es scheint"

Warnung: Nach der Lektüre dieses Buches könnte Ihr Weltbild massiv erschüttert oder gar ganz zusammengestürzt sein.

Sich vor dem ersten Kapitel anzuschnallen, schadet nicht.

# 1 Einleitung

Douglas Adams, „Per Anhalter durch die Galaxis", zweites Buch: „Es gibt eine Theorie, die besagt, wenn jemals irgendwer genau herausfindet, wozu das Universum da ist und warum es da ist, dann verschwindet es auf der Stelle und wird durch noch etwas Bizarreres und Unbegreiflicheres ersetzt. – Es gibt eine andere Theorie, nach der das schon passiert ist."

Die Quantentheorie – auch Quantenphysik genannt – hat die klassische Physik auf den Kopf gestellt und bildet heute die Grundlage der modernen Wissenschaft. Mit ihr wird das Verhalten von Materie und Energie auf der untersten Ebene, der Welt des Allerkleinsten, erklärt. Sie gehört zu den am besten bestätigten Theorien in der Physik und ist sozusagen der Rolls-Royce unter den wissenschaftlichen Lehren.

Quantenphysik ist aufregend, spannend und überraschend. Alle Quantensysteme haben faszinierende Eigenschaften. Man kann diese durchaus als skurril, spukhaft (Einstein) oder paradox bezeichnen, da sie dem gesunden Menschenverstand nahezu in jeder Hinsicht widersprechen. So sind Katzen gleichzeitig tot und lebendig (Schrödingers Katze), Atome im selben Augenblick ganz oder zerfallen. Teilchen verschwinden wie Geister an einem Punkt und tauchen an einem anderen auf, ohne sich je auf der Strecke dazwischen befunden zu haben. Auch Objekte, die sich gleichzeitig an unterschiedlichen Orten befinden, eigentlich irgendwo und nirgendwo, oder im selben Augenblick links- und rechtsherum kreisen, entsprechen nicht dem, was wir kennen. In gleicher Weise schwer verdaulich scheint es, dass Teilchen keine eindeutig festgelegten Eigenschaften besitzen, sondern eigentlich aus Wolken von Wahrscheinlichkeiten bestehen.

Die Quantenphysik wirkt wie Magie und fordert unser Vorstellungsvermögen aufs Äußerste heraus.

Vieles versteht man nicht, doch können es die Mathematikerinnen und Mathematiker (teilweise mit irren Gleichungen) exakt berechnen. Das tröstet. Es gab in den letzten Jahrzehnten kein Versuchsergebnis, das ihren Herleitungen widersprochen hätte.

So seltsam die Welt der Quanten erscheinen mag, die Quantenphysik ist die mit dem größten Erfolg gekrönte Technologie der vergangenen 100 Jahre. Wir leben in dieser Quantenwelt, ohne es in hohem Maße wahrzunehmen, und dies, obwohl sie die Grundlage der digitalen Revolution ist. Ihre Anwendungen sind ein konkreter Faktor in unserem täglichen Leben geworden und aus diesem nicht mehr wegzudenken. Computer, Handy, Fernseher, … – sie alle arbeiten mit Quantentechnologie.

Weitere neue Techniken werden hinzukommen, denn die Quantenphysik eröffnet zusätzliche faszinierende Perspektiven auch für das laufende Jahrhundert.

Wenn man sich mit den Rätseln der Quantentheorie beschäftigt, kommt man kaum umhin, sich auch mit deren Konsequenzen für den Aufbau und die Entstehung des Menschen und des Universums zu befassen. Es ist Fakt, dass viele herkömmliche Vorstellungen zur Beschaffenheit unserer Welt aufgrund neu entdeckter physikalischer Phänomene wie ein Kartenhaus in sich zusammengefallen sind. Dadurch ergeben sich fast zwangsläufig auch Gedanken hinsichtlich eines Konzeptes, welches das Leben erst ermöglichte. Fragen nach der Evolution, einer höheren Intelligenz oder einem schöpferischen Gott tauchen unausweichlich auf.

Sofern man sich mit der Quantentheorie befasst, sollte man warnende Hinweise durchaus ernst nehmen. Richard Feynman meinte, man sei danach nicht mehr derselbe Mensch.

Ich hoffe, dass Sie dieses Buch in kleinen Schritten der verrückten Quantenwelt näherbringen wird. Gehen Sie auf Entdeckungstour und bleiben Sie cool. Viel Spaß!

Sehr geehrte Leserinnen und Leser, schnallen Sie sich bitte an.

Begeben Sie sich auf eine interessante Reise, vorbei an Atomen, Materie, Mensch und Universum zu den unfassbaren Welten der Quanten.

Albert Einstein: **„Mache die Dinge so einfach wie möglich, aber nicht einfacher."**[2]

# 2 Atomos

Um die Quantenwelt im Kern besser verstehen zu können, ist es unabdingbar, sich ihr schrittweise anzunähern.

Beginnen wir mit dem Atom und seinen verschiedenen Modellen.

## 2.1 Dem Atom auf der Spur

**Leukipp, Demokrit**

Der Begriff ‚Atom‘ leitet sich aus dem griechischen ‚atomos‘ ab, was so viel bedeutet wie ‚unteilbar, unzerschneidbar‘. Er stammt von Leukipp und seinem Schüler Demokrit.

Bereits im 5. Jahrhundert vor Christus entwickelten die beiden in der thrakischen Stadt Abdera ein philosophisches Modell, nach dem Materie aus kleinsten Einheiten aufgebaut ist, die nicht mehr teilbar sind. Ihre Atome waren gleichmäßig mit Materie gefüllt und wiesen selbst Eigenschaften der Materie auf, die aus ihnen gebildet wurde. Sie hatten unendlich viele unterschiedliche Formen. Glatte Gegenstände sollten etwa aus runden, raue Gegenstände eher aus eckigen Atomen beschaffen sein.

**Dalton**

Teilweise entsprach auch das von dem Lehrer und Naturforscher John Dalton (* 1766; † 1844) im Jahr 1803 postulierte Atommodell noch diesen Vorstellungen. In ihm waren die Atome ebenfalls die kleinste, unteilbare Einheit der Materie. Dalton ging jedoch schon davon aus, dass die kugelförmigen Atome eines bestimmten Elementes gleich groß sind und stets dieselbe Masse haben, Atome unterschiedlicher Elemente sich aber in Größe und Masse unterscheiden. Nach ihm sollte es – entgegen der Meinung Demokrits – nicht beliebig verschiedene Atome geben, sondern nur so viele, wie es Elemente gibt. Chemische Vorgänge konnten in diesem Modell die Atome weder vernichten noch schaffen. Sie wurden lediglich neu angeordnet und in bestimmten Anzahlverhältnissen miteinander verknüpft.

**Anaxagoras**

Entgegen diesen beiden Modellen vertrat der Naturphilosoph Anaxagoras aus Klazomenai bereits um 450 v. Chr. die Meinung, dass es unendlich viele Stoffe aus unendlich kleinen Teilen gebe, die schon immer existiert hätten. Kein Baustein gleicht bei ihm exakt dem anderen. Stoffe fanden erst durch Teilung und nochmalige Mischung zueinander und bildeten den Kosmos. Alles sollte man immer weiter teilen können. Ein Allerkleinstes gab es somit nach seinen Überlegungen nicht. Noch bis in das 20. Jahrhundert hinein schlossen sich einige Philosophen und Naturwissenschaftler dieser Vorstellung an.

Sowohl diese Betrachtungsweise als auch die Unteilbarkeit der Atome stellten sich im Laufe der Zeit als falsch heraus.

Wie wir sehen werden, ist das Atom durchaus teilbar, aber nicht unendlich.

## 2.2 Auf dem Pfad

**Thomson**

Ein erster, wichtiger Schritt in diese Richtung gelang im Jahr 1897 dem britischen Physiker Joseph John Thomson (* 1856; † 1940). Er bemerkte bei der Untersuchung einer Glühkathode, dass aus dieser ein Strom von geladenen Teilchen austrat. Dies veranlasste ihn zu der Annahme, dass diese bereits in den Atomen vorhanden sein müssten, und er folgerte daraus, dass Atome teilbar sind.

Da der Kathodenstrahl aus Elektronen bestand, hatte Thomson somit – im Übrigen zeitgleich mit dem deutschen Physiker Emil Wiechert – auch das erste Quantenobjekt entdeckt.

Sein Modell, das erstmalig auf einer inneren Struktur der Atome aufbaute, bestand aus elektrisch positiv geladenen Kugeln, die mit negativ geladenen Elektronen ausgestattet waren. Thomsons Vorstellungen entsprechend sollten die positive Ladungsmenge masselos und die Elektronen für die Masse des Atoms verantwortlich sein.

Die Kugeln waren nach außen hin elektrisch neutral und konnten nur bei Aufnahme oder Abgabe von Elektronen durchdrungen werden, wodurch dann Ionen entstanden. Für die Eigenschaften des Elements sollten die innersten Elektronen verantwortlich sein.

Das Modell wird auch ‚Rosinenkuchenmodell‘ genannt, da die Elektronen wie Rosinen in einem Kuchen verteilt sind. Sie sehen es in Abbildung 1.

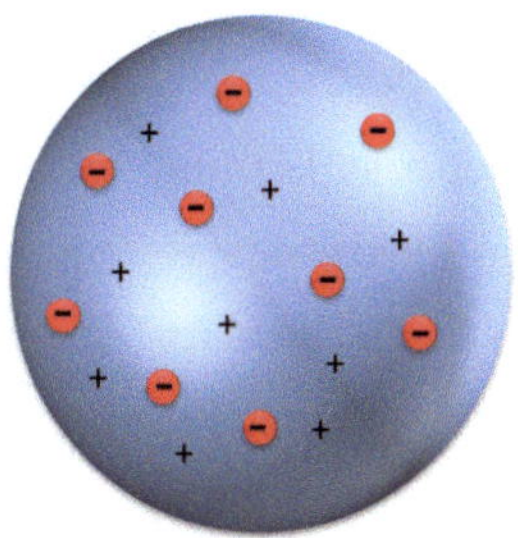

Abbildung 1: Rosinenkuchenmodell

## Rutherford

Der britische Experimentalphysiker Ernest Rutherford (*1871; †1937) entdeckte 1911 bei der Bestrahlung einer Goldfolie mit Alphateilchen (Kerne eines Helium-4-Atoms), dass ein Großteil dieser Teilchen die Folie ungehindert passieren konnte und ein kleiner Teil abgelenkt wurde. Ein paar wenige von ihnen erfuhren sogar eine Ablenkung von annähernd 180 Grad. Konkret wurde etwa eines von 8.000 Teilchen ganz zurückgeworfen. Rutherford leitete daraus ab, dass die reflektierten Teilchen dem Atomkern zu nahe gekommen waren und sich sowohl die Masse

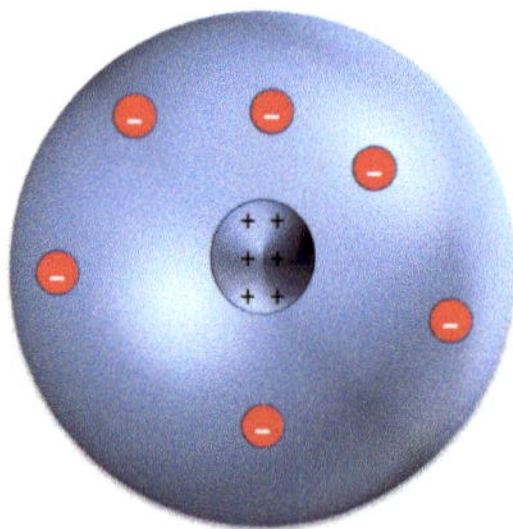

Abbildung 2: Atommodell nach Rutherford

als auch die positive Ladung des Atoms punktförmig in dessen Zentrum befinden müssten. Die negative Ladung sollte sich – in Form von um den Atomkern kreisenden Elektronen verteilt – in der fast leeren Atomhülle befinden. Wie die Elektronen im Atom räumlich verteilt sind, konnte er nicht sagen, da diese seines Erachtens aufgrund ihrer geringen Masse nicht nachweisbar am Umlenken beziehungsweise Zurückwerfen des Strahles beteiligt waren. Mit diesem aus Hülle und Kern bestehenden Modell, das in Abbildung 2 gezeigt ist, wurde der Atomkern eingeführt. Rutherford schuf mit seinen Forschungen die Basis für das künftige Bild des Atoms.

## Bohr

| Proton | → | Elektrisch positiv geladen | → | Atomkern |
| --- | --- | --- | --- | --- |
| Neutron | → | Elektrisch ungeladen | → | Atomkern |
| Elektron | → | Elektrisch negativ geladen | → | Hülle (Bahn) |

Erläuterung 1: Atombausteine

Einen großen Schritt weiter hinsichtlich des Aufbaus von Atomen kam im Jahr 1913 der dänische Physiker Niels Bohr (*1885; †1962). Nach seiner Auffassung hatten die Atome einen schweren, positiv geladenen Kern und leichte, negativ geladene Elektronen, die den Kern in kreisförmigen, diskreten Bahnen umrundeten. Sie sehen dies in Abbildung 3.

,Diskret' bedeutet in diesem Zusammenhang, dass die Elektronen nicht irgendwie und willkürlich um den Atomkern kreisen, sondern sich nur in ganz bestimmten – also erlaubten energiespezifischen – Kreisbahnen aufhalten können.

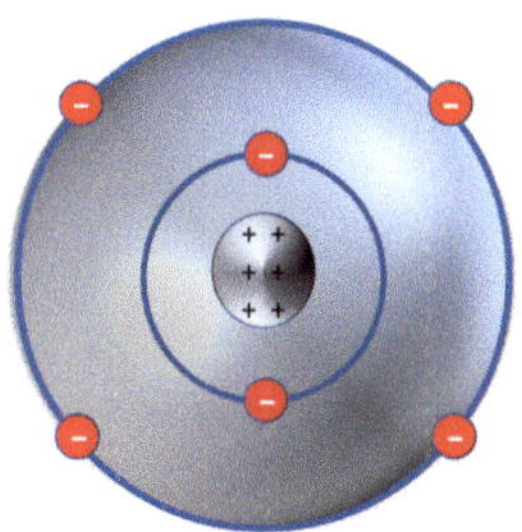

Abbildung 3: Atommodell nach Bohr

Je weiter entfernt die Bahnen vom Kern sind, desto mehr Energie haben die Elektronen. Der Übergang von einer Elektronenbahn zur anderen soll durch Zugabe oder Abstoßung von Lichtteilchen sprunghaft erfolgen. Im Raum zwischen den Bahnen taucht ein Teilchen also nicht auf. Dies ist der berühmte ‚Quantensprung‘.

Den Widerspruch, dass die beschleunigten Elektronen durch Abstrahlung elektromagnetischer Wellen auf ihren Bahnen langsamer werden und mit einer spiralförmigen Bewegung innerhalb einem Millionstel einer Millionstel Sekunde in den Atomkern stürzen müssten, konnte Bohr nur dadurch erklären, dass die Elektronen ohne Abgabe von Energie um den Kern kreisen.

Es war Louis de Broglie (*1892; †1987), der die Problematik lösen konnte. Nach ihm sollten Elektronenwellen den Atomkern so umlaufen, dass die Nulllinie die Kreisbahn des Bohrschen Modells ist (s. u.).

Sofern sich Wellenberge und -täler nicht von der Stelle bewegen, geht keine Energie verloren.

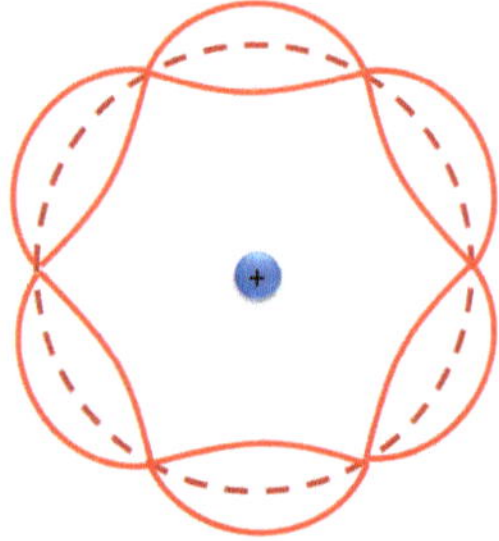

Abbildung 4: Elektronenbahn nach de Broglie/Bohr

Aufgrund des Coulombschen Gesetzes stoßen sich gleichartig geladene Teilchen ab, ungleich geladene Teilchen ziehen sich an. Die Stärke der Abstoßung beziehungsweise Anziehung ist abhängig von der Stärke der Ladungen und dem Abstand der Teilchen.

Demnach müsste das winzige, negativ geladene Elektron – auch ohne Energieverlust – blitzartig in den schweren, positiv geladenen Atomkern krachen. Bohr löste dieses Problem, indem er die elektrostatische Anziehungskraft zwischen dem positiv geladenen Kern und dem negativ geladenen Elektron der Zentrifugalkraft gleichsetzte, die das Elektron durch die Umlaufgeschwindigkeit hat.

Bohr untermauerte sein Atommodell – das erstmals Elemente der Quantenmechanik enthielt – mit mathematischen Gesetzen und erhielt 1922 für seine Verdienste um die Erforschung der Struktur der Atome und der von ihnen ausgehenden Strahlung den Nobelpreis für Physik.

Eine Erweiterung des obigen Modells stellt das Bohr-Sommerfeldsche Atommodell dar. Der theoretische Physiker Arnold Sommerfeld (* 1868; † 1951) führte sogenannte ‚Unterschalen' ein, wodurch man die Reihenfolge bei der Besetzung der Elektronenbahnen recht gut erklären konnte. Zudem waren in diesem Modell neben einer Kreisbahn nun auch Ellipsen für die Elektronen zugelassen.

Das Atommodell von Bohr und Sommerfeld stellt in historischer Hinsicht einen großen Fortschritt dar und war das erste, das eine Art quantisierten Zustand forderte. Es ist einfach und anschaulich und wird deshalb immer noch gerne verwendet. Das Modell ist allerdings nur eine Näherung an die physikalischen Tatsachen. Es enthält leider auch Mängel. Insbesondere die Annahme von genauen, ausgewählten Bahnen für die Elektronen widerspricht den Erkenntnissen der Quantenphysik.

## Schrödinger, Heisenberg

Mit der Quantenmechanik wurde das Bohr-Sommerfeldsche Atommodell abgelöst. In das neue mathematisch ausgerichtete Orbitalmodell fanden neue, fundamentale Kenntnisse der Quantenphysik Eingang.

So wurden z.B. die Elektronenbahnen als Lösungen der Schrödinger-Gleichung angesehen. Heisenberg steuerte unter anderem seine Unschärfetheorie bei. Näheres später.

Die bisherigen Elektronenbahnen waren nach den neuen wissenschaftlichen Erkenntnissen nicht mehr mit der modernen Physik vereinbar und wurden durch die sogenannten ‚Orbitale‘ der Quantenphysik abgelöst. Dies sind die räumlichen Wellenfunktionen von sich im quantenmechanischen Zustand befindenden Elektronen und beschreiben deren wahrscheinlichen Aufenthaltsort.

Das Elektron ist in diesem Modell kein Teilchen mehr, das – wie Planeten um die Sonne – um einen Atomkern kreist, sondern eine Elektronenwelle, die um den Atomkern verschmiert ist. Die Gestalt des Orbitals hängt vom Energiegehalt der Elektronen ab, ist aber immer symmetrisch. Man kann sich ein Orbital – wenngleich auch nur das s-Orbital dieser Form entspricht – vereinfacht als Kugelwolke vorstellen.

Ein Orbital bezeichnet die gesamte Wahrscheinlichkeitsverteilung eines bestimmten Energiezustandes. Eine exakte Ortsvorhersage für jedes Elektron ist aufgrund der diffusen Verteilung der Aufenthaltswahrscheinlichkeiten nicht möglich. Es befindet sich zwar irgendwo in der Elektronenwolke, graphisch dargestellte Orbitale bilden aber lediglich jenen Bereich im Raum ab, in dem die Elektronen mit großer Wahrscheinlichkeit (>90 %) anzutreffen sind.

Es gibt unendlich viele Orbitale. Durch die Schrödingergleichung lassen sich Aussagen zu deren Aufbau und Aussehen treffen. Die Orbitale mit den geringsten Drehimpulsen sind das s-, p-, d- und f-Orbital (ehemalige Bedeutung resultierend aus spektralen Untersuchungen: sharp, principal, diffuse, fundamental). In jedem Orbital ist Platz für maximal zwei Elektronen mit entgegengesetztem Spin. Der Spin ist eine quantenmechanische Eigenschaft. Man kann sich diesen vereinfacht als Drehung um die eigene Achse vorstellen, ähnlich einem Brummkreisel. Die Drehung kann bei Elektronen (Spin = ½) links- oder rechtsherum erfolgen. Man spricht dabei von einem positiven oder negativen Spin. Ein Atom kann je nach seiner Besetzung mit Elektronen einen halb- oder ganzzahligen Spin besitzen.

Je nachdem, wie groß die Schale ist, gibt es ein oder mehrere Orbitale. Schale 1 fasst ein Orbital (s), Schale 2 vier Orbitale (1s, 3p), ... Nach außen hin steigt der Platzbedarf.

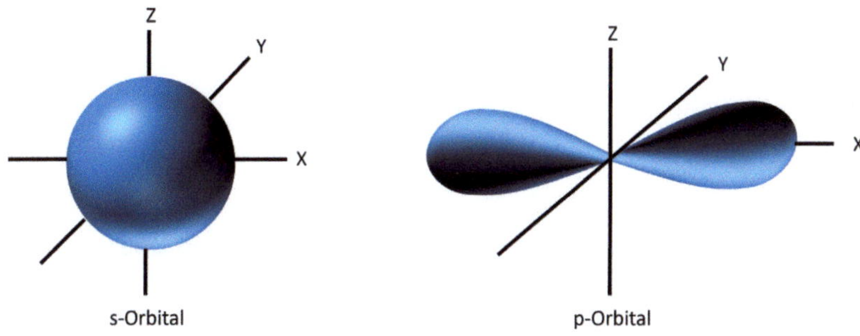


Abbildung 5: Hier beispielhaft ein s- und ein $p_x$-Orbital

Das s-Orbital bildet eine verschwommene Kugel um den Kern. Die Elektronen rotieren in dieser nicht um den Atomkern, sondern halten sich nahezu bewegungslos in seiner Nähe auf. Wasserstoff hat ein Elektron im s-Orbital, Helium zwei.

Die p-Orbitale sehen aus wie Hanteln. Sie bestehen aus drei Orbitalen mit gleichem Energieniveau, die sich auf die drei Raumachsen (Längs-, Quer- und Vertikalachse) verteilen. In jeder Hälfte der Hantel hat ein Elektron Platz. Somit passen sechs Elektronen in das p-Orbital. Zum Kern hin nimmt die Wahrscheinlichkeit für den Ort des Elektrons ab und ist in ihm gleich null.

Anmerkung: In der Regel verwendet man im wissenschaftlichen Bereich generell das Orbitalmodell. Da es sehr anschaulich ist, kommt aber im schulischen Unterricht oftmals auch das Bohrsche Modell zum Einsatz.

## 2.3  Aufbau des Atoms

Gehen Sie gedanklich doch einmal an einen Bergfluss und sehen Sie sich in der Gegend um.

Da ist das Wasser des Flusses, Sie sehen einen Hund, ein Kaninchen und die Vögel am Himmel. Am Ufer stehen Bäume, Büsche und Gräser. Ein Radfahrer und ein Walker kommen vorbei, Autos fahren auf der nahe gelegenen Straße. Ein Berg ist umgeben von Wolken. Frische Bergluft im ganzen Tal.

All dies besteht aus Atomen und eines hängt neben dem anderen. Das wussten Sie natürlich schon. Können Sie sich das Ganze aber auch bildlich vorstellen? Ja? Nun, dann sind Sie mir einen großen Schritt voraus.

Alle Teilchen sind so klein, dass wir sie mit unseren Sinnen nicht erfassen können.

### 2.3.1  Kern

Stark vereinfacht kann man sich ein Atom so vorstellen, dass sich in der Mitte einer Kugel der Kern mit Protonen und Neutronen (zusammen = Nukleon, von lat. nucleus „Kern") befindet, die sich beide aus den sogenannten Quarks (wurden erst in den 1970er-Jahren entdeckt) zusammensetzen. Quarks sind Elementarteilchen. Protonen haben zwei Up-Quarks und ein Down-Quark. Das Neutron besteht aus zwei Down-Quarks und einem Up-Quark. Das Up-Quark hat eine +2/3 Ladung, das Down-Quark eine −1/3 Ladung.

Da das Proton eine positive, das Neutron keine Ladung besitzt, ist der Atomkern positiv geladen. Bei mehreren Protonen – die sich ja durch die beiderseitige positive Ladung abstoßen – dienen die Neutronen neben der starken Wechselwirkung als Puffer zur Stabilisierung des Kerns. Schwerere Kerne enthalten daher mehr Neutronen als Protonen.

## 2.3.2 Hülle

Um diesen Kern sausen – vereinfacht dargestellt – kreisförmig in sehr großer Entfernung die negativ geladenen Elektronen mit hoher Geschwindigkeit herum. Kern und Hülle sind durch elektrostatische Anziehung aneinander gebunden. Elektronen sind die leichtesten geladenen Elementarteilchen. Obwohl die Winzlinge lediglich 1/2000 der Kernmasse besitzen, sind sie extrem wichtig. Sie bestimmen durch ihre Umlaufbahnen die Größe sowie durch ihre Anzahl und Verteilung auch die chemischen Eigenschaften des Atoms.

Atome unterscheiden sich nicht durch andersartige Teilchen, denn Protonen, Elektronen und Neutronen sind im ganzen Universum und somit immer und überall exakt gleich. Der Unterschied ergibt sich lediglich durch die Anzahl der Protonen und Neutronen im Kern sowie die Anzahl der Elektronen in der Hülle. In der elektrisch neutralen Grundform von Atomen ist die Anzahl der Elektronen immer gleich der Anzahl der Protonen, beide treten also in Pärchen auf. So hat ein Wasserstoffatom überall im Universum genau ein Proton und ein Elektron.

Ein Goldatom zeichnet sich immer durch 79 Protonen und 79 Elektronen aus. Die Sortierung im Periodensystem erfolgt anhand der steigenden Protonenzahl.

Insgesamt gibt es im Übrigen 118 Atomsorten ($Z = 1$ Wasserstoff bis $Z = 118$ Oganesson), von denen 91 natürlich auf der Erde vorkommen.

Wenn ein Element eine unterschiedliche Neutronenzahl gegenüber der Grundform hat, spricht man von einem Isotop. Es gibt diese in etwa 300 stabilen und 2400 instabilen (radioktiven) Arten.

Am reaktionsfähigsten sind diejenigen Atome, die nur ein Elektron in der äußersten Schale haben. Dieses möchten sie abgeben. Wenn ihnen dort draußen jedoch ein Elektron fehlt, dann versuchen sie, es anderen Atomen mithilfe der Coulombkraft zu stehlen.

Einem Chloratom etwa fehlt in der äußersten Schale ein Elektron. Es geht also – sofern möglich – eine Verbindung ein. Bei einem Natriumatom saust in der Außenschale ein verwaistes Elektron herum und – schwuppdiwupp! – verbinden sich Natrium und Chlor zu Kochsalz (NaCl).

## 2.3.3  Größe des Atoms

Der Durchmesser eines einzelnen Atoms beträgt ganz grob $10^{-10}$ m. Ausgeschrieben sind dies 0,000.000.000.1 Meter. Es ist also ein absoluter Winzling.

> *Der Kern ist dabei circa 10.000-mal kleiner als das Atom.*

Machen Sie doch einmal gedanklich folgendes Experiment mit (bitte seien Sie nicht zu kleinlich mit den Durchmessern):

Wir haben einen Sitzball und verringern dessen Durchmesser um den zehnten Teil. Man erhält jetzt in etwa eine Boccia-Kugel und kann von den 0,0000000001 nun eine Null hinter dem Komma streichen. Im gleichen Verfahren sind die nächsten beiden Kugeln dann eine kleine Murmel und ein Stecknadelkopf. Wir streichen weitere zwei Nullen. Bis hierhin funktioniert das recht gut.

Und nun kommt Ihre Aufgabe: Produzieren Sie gedanklich die restlichen Kügelchen und streichen Sie die weiteren Stellen ab.

Ach ja, Sie schaffen das?! Dann sind Sie letztlich einem Elektronenmikroskop deutlich überlegen.

Nur mal beiläufig: Ein Stecknadelkopf besteht etwa aus $10^{22}$ Elektronen und $10^{23}$ Quarks.

Ja, so ein Atom ist ein Winzling, aber ein echter Riese, wenn wir uns die Größe seines Kernes ansehen. Sein Durchmesser entspricht ja lediglich dem zehntausendsten Teil des Atomdurchmessers und dennoch – und dies ist doch äußerst erstaunlich – befinden sich in ihm 99,9 Prozent der gesamten Atommasse.

Diese Masse variiert zwischen $10^{-22}$ und $10^{-24}$ Gramm. Wir verwenden die goldene Mitte von $10^{-23}$ Gramm.

Zur Veranschaulichung schreiben wir dies wieder aus:

0,000.000.000.000.000.000.000.01 Gramm.

Nehmen wir einen gut genährten Homo sapiens, der 100 Kilo auf die Waage bringt, und fragen uns, aus wie vielen Atomen er besteht.

Sie haben dies natürlich sofort berechnet, da es ja relativ einfach ist. Der Mensch wiegt 100.000 Gramm. Also muss man lediglich zu den $10^{23}$ noch die $10^5$ dazu addieren und erhält $10^{28}$ Atome.

Wow, dies sind 10 Quadrilliarden.

Ausgeschrieben dann:

10.000.000.000.000.000.000.000.000.000 Atome.

Tja, nun kennen Sie also diese leicht überschaubare Anzahl der Atome, aus der Sie bestehen. Man kann diese Atome auf der Strecke von der Erde zur Sonne 4 Millionen Mal aneinanderreihen.

Ich denke, auch Sie sind beeindruckt.

Bevor Sie zum dritten Kapitel gehen, hier ein kleiner Praxistest:

Zwei befreundete Atome treffen sich. Sagt das eine: „Mannomann, ich habe heute Morgen mein Elektron verloren." Antwortet das andere: „Sieh es einfach positiv."

Will ein Neutron in die Diskothek. Der Türsteher: „Heute nur für geladene Gäste."

Ein hübsches Elektronenfräulein sitzt im Park auf einer Bank. Ein Charmebolzen von Elektronenmann kommt lächelnd auf sie zu.

Das Fräulein: „Lass die Annäherungsversuche. Du wirkst auf mich ausgesprochen abstoßend."

Sofern Sie die Witzchen nicht verstanden haben: Bitte zurück auf Los.

> *Sie und ich bestehen aus circa 10.000.000.000.000.000.000.000.000.000 Atomen.*

# 3 Materie

Der Begriff ‚Materie' stammt vom lateinischen Wort ‚materia' („Stoff") ab und sagt etwas darüber aus, wie ein Körper – also ein zusammenhängendes Gebilde aus Materie – aufgebaut sein kann.

In der klassischen Physik besitzt Materie eine Masse, eine bestimmte Form und nimmt einen gewissen Raum ein. Lange Zeit ging man davon aus, dass man Materie anfassen kann. Dann entdeckte man vor einigen hundert Jahren die mechanischen Eigenschaften von Luft. Da auch diese ein Gewicht hat, zählte man ab diesem Zeitpunkt auch alle Gase zu den physikalischen Körpern.

Materie war in makroskopischer Sicht nun fest, flüssig oder ein Gas. Später kam noch das Plasma als Teilchengemisch hinzu.

## 3.1  Masse = Energie?

Alleine schon, sich Gas als Materie vorzustellen, fällt enorm schwer. Aber wie sieht es mit so einem einzelnen Atom aus? Wie Gas sieht man es nicht, man kann es nicht anfassen und dennoch hat es eine Masse. Glauben Sie mir, nun wird es interessant.

Im Atomkern ist ja nahezu die gesamte Masse des Atoms vereint.

Wird einem System Energie zugeführt, so erhöht sich seine Masse. Und jetzt der Knaller: **Neutronen und Protonen erhalten 95 Prozent ihrer Masse nicht durch die nahezu masselosen Quarks, sondern durch die Bewegungsenergie der Quarks und die Bindungsenergie zwischen ihnen.** Letztere werden durch masselose, wechselwirkende (also in Kontakt stehende) Teilchen, die Gluonen, hervorgerufen.

Man kann sich dies bildlich so vorstellen, dass die Quarks im Kern durch Gummibänder oder Spiralfedern zusammengehalten werden. Je weiter sie sich voneinander entfernen, desto stärker wirkt die Kraft zwischen ihnen.

Schon Goethes Faust wollte wissen, was die Welt in ihrem Innersten zusammenhält. Wir könnten ihm heute behilflich sein.

Masse und Energie existieren also nicht unabhängig voneinander. Die Masse eines Körpers ist ein Maß für dessen Energiegehalt. Masse und Energie sind äquivalent.

**Masse ist nur eine dicht gebündelte, andere Erscheinungsform, also eine andere Ausformung der Energie. Beide, Masse und Energie, sind also nur ein Zeugnis der gleichen Sache, im Grunde genommen also dasselbe.**

**Materie ist so gesehen kein Grundbaustein unserer Welt. Je näher man sie betrachtet, desto intensiver löst sie sich auf.**

Die Forschungen zeigen hierzu eine ganz andere Welt auf als das, was wir als Materie bezeichnen. Eine Aussage wie „Materie ist alles, was eine Masse besitzt", verliert ihren Sinn. Materie ist eine verdichtete Form von Energie und damit mehr ein vorübergehender Zustand als eine Substanz.

Materie ist letztendlich wohl eine Illusion. Man könnte sagen, es sieht nur so aus, als gäbe es sie.

**Werner Heisenberg: „Alle Elementarteilchen sind aus derselben Substanz, aus demselben Stoff gemacht, den wir nun Energie oder universelle Materie nennen können, sie sind nur verschiedene Formen, in denen Materie erscheint."[3]**

All dies ist Ihnen aber wahrscheinlich einerlei. Sie wussten schon immer, dass Sie ein Energiebündel sind.

> *Die Masse aller uns umgebender Materie entsteht größtenteils durch Bindungsenergie! Im weitesten Sinne gaukelt uns das Universum nur vor, aus Materie zu bestehen (siehe auch Kapitel 6).*

## 3.2   Die unvorstellbare Energie (E = mc²)

Wie beschrieben, kann Masse in Energie umgewandelt werden. Nach der berühmten, von Albert Einstein aufgestellten Gleichung der speziellen Relativitätstheorie, $E = mc^2$ ($E$ = Energie, $m$ = Masse, $c^2$ = Lichtgeschwindigkeit zum Quadrat) erhält man die Energie, die in einer Masse steckt, durch Multiplikation der Masse mit dem Quadrat der Lichtgeschwindigkeit. Schon aus der Tatsache heraus, dass die Lichtgeschwindigkeit etwa 300.000 000 m/sec beträgt, lässt sich erkennen, dass winzigste Massen in riesige Energien umgewandelt werden können. Mit welchen Energien man es hierbei zu tun hat, macht sprachlos.

Um dies zu verdeutlichen, folgen zwei Beispiele:

Mit 60 Eineuromünzen zu je sieben Gramm, die man in Energie umwandelt, könnte man fast den gesamten Energieverbrauch der Bundesrepublik Deutschland für einen Tag decken. Konventionelle Kraftwerke würden nicht mehr benötigt und könnten abgeschaltet werden.

Nehmen wir einmal eine Erbse, die ein Gramm wiegt, und bestimmen deren Energie.

Die Lichtgeschwindigkeit im Quadrat = 300.000.000 m/sec × 300.000.000 m/sec × 0,001 kg ergibt 90.000.000.000 Kilojoule. Das macht nicht nur sprachlos, da bleibt einem die Spucke weg.

Wenn wir nun ein Gramm Antimaterie hätten, würde diese mit unserer Erbse reagieren, sie vernichten, und 180 Milliarden Kilojoule Energie würden mit einem Strahlenblitz frei. Die Explosionskraft wäre ausreichend, um einen großen Teil Roms komplett auszuradieren – die Illuminati und Dan Brown lassen grüßen.

Welch ein Glück, dass wir nicht von Antimaterie umgeben sind.

Antiteilchen entstehen im Paarbildungsprozess zu jeder Zeit und überall, werden aber sofort wieder in Energie umgewandelt (ggf. können auch andere Teilchen entstehen). Dennoch könnte es im Universum Antimaterie in größerem Umfang geben. Eine gängige Theorie besteht darin, dass sich nach dem Urknall Antimaterie innerhalb von Blasen von der gewöhnlichen Materie entfernt hat und sich daraus irgendwo in großer Entfernung Galaxien gebildet haben. Diese Theorie ist jedoch nicht nachweisbar, da es ausgeschlossen ist, aus dem abgestrahlten Licht von Galaxien nach Materie und Antimaterie zu unterscheiden. Wahrscheinlicher ist es wohl, dass es im Universum keinen größeren Bestand an Antiteilchen gibt. Wie dem auch sei, auf jeden Fall ist es möglich, einzelne von ihnen herzustellen. So entstehen diese immer wieder bei Versuchen im Large Hadron Collider, einem riesigen, ringförmigen Teilchenbeschleuniger bei Genf.

Antiteilchen haben exakt die gleichen Eigenschaften wie das entsprechende Elementarteilchen und unterscheiden sich lediglich in der Ladung.

So gibt es Protonen mit einer negativen Ladung (Antiproton) und Elektronen mit einer positiven Ladung (Positron). Bei den Neutronen gibt es Ladungsunterschiede der Quarks. Da die Antiteilchen augenblicklich reagieren, kann man sie in keinem Behältnis sammeln. Man kann lediglich ein paar von ihnen bis zu 1000 Sekunden in Magnetfallen festhalten. Ein realistisches Konzept, wie man für technische Zwecke genügende Mengen von Antimaterie herstellen, lagern und transportieren kann, gibt es nicht.

# 4 Theorien zur Entstehung des Universums

Oft Albert Einstein zugeschrieben: **„Zwei Dinge sind unendlich, das Universum und die menschliche Dummheit. Aber bei dem Universum bin ich mir nicht so sicher."** [4]

Neben der im nächsten Kapitel ausführlich behandelten Urknalltheorie gibt es zahlreiche weitere Theorien zur Entstehung unseres Universums.

Hier in aller Kürze ein paar von ihnen:

### Entstehung aus dem Nichts

Zunächst müssen wir in diesem Rahmen abklären, ob denn das Nichts tatsächlich nichts ist. Ist ein leerer Raum leer? Dazu nehmen wir eine Kiste und räumen diese komplett aus. Wir entnehmen dabei auch alle Atome und Elementarteilchen. Ist die Kiste nun leer? Nein! Im Gegenteil, die Kiste ist ein äußerst interessanter Ort. Felder durchziehen die Box und alles wabert, sprudelt und wankt. Man findet ein kochendes Gebräu. Es entstehen paarweise Teilchen und Antiteilchen, die zusammenstoßen und sich sofort wieder zerstrahlen. Man nennt dies die Vakuum-Quantenfluktuation. Wenn es nun am Anfang des Universums zu einer Ungleichverteilung, einer kleinen Asymmetrie, kam und etwas Materie übrigblieb, könnte daraus das Universum entstanden sein. Aber warum nur eines? Nein, es könnten im Verlauf der Zeit viele Universen geboren worden sein.

Da eine Veränderung im Feld mit Zeit einhergeht, muss man davon ausgehen, dass es auch eine virtuelle Raumzeit gab. Manche Wissenschaftler meinen, dass dies durchaus möglich ist.

Sofern man Raum und Zeit quantisiert, könnten auch Raum-Zeit-Bläschen fluktuieren.

**Fazit: Nichts erzeugt durchaus etwas.**

Eine andere Meinung vertrat Stephen Hawking (*1942; †2018). Kurz vor seinem Tod gab er ein Interview in der Talkshow StarTalk. Auf die Frage von Neil deGrasse Tyson, was denn vor dem Urknall existiert habe, gab er die Antwort: Nichts! Er war in dieser – seiner letzten – Auffassung zu dem Schluss gekommen, dass es vor dem Urknall keine Zeit (diese ist erst mit dem Urknall entstanden) und somit nichts gab, und zwar absolut nichts. Die Zeit und das Universum wurden sozusagen im Gesamtpaket geliefert.

**Simuliertes Universum**

Erinnern Sie sich noch an den Kultfilm „Matrix", der von einer computersimulierten Welt handelt?

Nun, diese Idee ist zwar sehr abgefahren, aber es gibt ein wissenschaftlich ausgearbeitetes Modell, das in diese Richtung weist und aufgrund seiner eleganten Einfachheit etliche Fürsprecher findet. Unser Universum ist darin eine Computersimulation einer dazu befähigten höheren Zivilisation oder Intelligenz.

Nach Nick Bostroms (*1973) philosophischem Modell, der Simulationshypothese, ergibt sich die Möglichkeit, dass die Rechnerleistung der realen Menschheit irgendwann so groß war, dass man begann, Simulationen ihrer Vergangenheit zu betreiben. Unser Universum gibt es dabei nicht, es ist komplett simuliert. Es wurde zu wissenschaftlichen Zwecken und zur Unterhaltung geschaffen.

Bekannte Persönlichkeiten wie der legendäre Computerspezialist George Hotz oder der Hightech-Guru und Unternehmer Elon Musk sind Anhänger der Simulationshypothese. Ihr Ansatz ist allerdings noch allgemeiner gefasst. Sie sind der Meinung, dass es die Menschheit nicht zwangsweise geben muss, sondern dass es ausreichend ist, wenn irgendeine Zivilisation oder Intelligenz unseres oder gar massenhaft viele Universen simuliert hat.

Bostrom ist im Übrigen der Meinung, dass man über kurz oder lang empirisch überprüfen können wird, ob wir in einer Simulation leben.

Super Mario kann schon lange in simulierten Welten herumhüpfen, aber zu einer fühlenden, wissenden und bewussten Kreatur scheint der Weg unendlich weit.

Wenn man aber bedenkt, dass sich die Komplexität integrierter Schaltkreise und somit die Rechnerleistung nach dem Mooreschen Gesetz alle anderthalb Jahre verdoppelt, dann erscheint es gar nicht so unrealistisch, dass man in Zukunft das menschliche Gehirn (etwa $10^{16}$ Rechenoperationen je Sekunde) und etwas später alle Gehirne der Menschheit simulieren kann.

**Big Crunch**

Falls in einigen Billionen Jahren die Wirkung der Gravitation stärker werden sollte als die Dunkle Energie, eine antigravitativ wirkende hypothetische Energieform, könnte die Expansion des Universums langsam abgebremst und schließlich gestoppt werden. Kurz davor werden Atomkerne durch Strahlung gesprengt und Schwarze Löcher schlucken alle Materie. Supermassive Schwarze Löcher verschmelzen miteinander zu einem Schwarzen Megaloch, das sich letztlich selbst verschluckt.

Das Universum ist verschwunden. Vorstellbar wäre, dass dann ein neuer Urknall erfolgt und ein neues Universum entsteht.

## Big Bounce

Im Rahmen dieses hypothetischen Modells wird angenommen, dass das Universum anfangs eine unendliche Ausdehnung hatte und ohne jegliche Materie existierte. Bei seiner Kontraktion wurde durch eine spontane Brechung der Symmetrie Masse erzeugt.

Das Universum dehnte sich in Zyklen auf ein Maximalvolumen aus und zog sich wieder bis zum Big Bounce, dem großen Rückprall (ähnlich einem Gummiball, den man auf den Boden wirft), zusammen. Es ergibt sich ein explosiver Übergang von einem Universum in das andere. Die Expansion und das Schrumpfen erfolgen immer und immer wieder. Gegen das zyklische Universum spricht vor allem, dass sich unser Universum wahrscheinlich aufgrund der Dunklen Energie nicht zusammenziehen wird und mit einem Wärmetod oder dem großen Einfrieren (Big Freeze = Ausbrennen der Sterne und letztlich Protonenzerfall) endet.

## Blasentheorie

Nach Auffassung des bekannten russischen Kosmologen Andrei Linde (*1948) ist unser Universum aus einer Blase eines Multiversums entstanden. Nach seiner Theorie aus den 1980er-Jahren gab es nicht nur einen Urknall, sondern äußerst viele. Kettenreaktionen bilden dabei neue Raumblasen und es entwickeln sich unablässig weitere Universen. Das Multiversum reproduziert sich laufend selbst. Wenngleich unser Universum irgendwann einmal zusammenstürzen sollte oder kalt und leer wird, sodass kein Leben mehr möglich ist, wird es nach dieser Theorie andere Räume geben, in denen sich das Leben immer wieder neu entwickeln kann. Diese Theorie eignet sich recht gut im Zusammenhang mit Erklärungen des Urknalls und der Inflation.

## Zyklisches Urknall-Modell

Dieses Modell stammt von Paul J. Steinhardt (Princeton University, New Jersey) und Neil Turok (PITP, Ontario/Kanada). Nach deren Ansicht wiederholt sich der Urknall in einem ewigen Kreislauf aus Schöpfung und Vernichtung schon seit ewigen Zeiten. So auch vor 14 Milliarden Jahren: Es existieren zwei Membranen (Kurzform: Branen). In einer dieser Branen ist unser kaltes und leeres Universum, in der anderen ein Paralleluniversum. Beide stoßen zusammen und die gewaltige kinetische Energie der Kollision wird freigesetzt. Wie beim Urknall entstehen Materie und Strahlung. Die Universen entfernen sich voneinander, kommen sich dann wieder näher und irgendwann prallen diese erneut aufeinander. Dieser Zyklus setzt sich endlos fort.

Ein zentraler Bestandteil dieses Modells ist die Dunkle Energie (siehe nächstes Kapitel).

## Ergänzende Theorien

Wenngleich diese Theorien nichts zur Entstehung des Universums verraten, sondern lediglich eine Aussage darüber treffen, wie unser Universum beschaffen sein könnte, möchte ich sie Ihnen dennoch an dieser Stelle nicht vorenthalten.

## Hologramm

Das ‚holografische Prinzip‘ steht im Zusammenhang mit dem Ereignishorizont von Schwarzen Löchern, in dem sich eine Art Hologramm der vom Schwarzen Loch verschluckten Informationen bilden soll.

Es postuliert, dass man für die Beschreibung unseres Universums eventuell nur noch zwei anstatt der uns bekannten drei Dimensionen benötigt.

Man unterstellt, dass bereits unser frühes Universum – und vielleicht auch noch das heutige – holografisch war beziehungsweise ist. Alle Teilchen und Phänomene, die wir im Kosmos beobachten, sind demnach nur die holografischen Projektionen eines zweidimensionalen Felds.

Alles in unserer Welt wäre demnach eine holografische Abbildung von physikalischen Vorgängen, die weit entfernt an einer riesigen zweidimensionalen Oberfläche ablaufen. Unser alltägliches Erleben wäre eine komplexe, in unserem Gehirn erzeugte, Illusion einer viel simpleren Realität.

Wir leben im Rahmen dieses Prinzips also in einer dreidimensionalen Wiedergabe eines de facto nur zweidimensionalen Raums. Wir sind also nur Projektionen.

Das holografische Universum ist keine wilde Spekulation, sondern eine ernstzunehmende Theorie und wird unter allen Physikern immer populärer. Da hiermit die Quantenphysik mit der Relativitätstheorie weitgehend zusammengefasst werden können – und dies auch mathematisch –, wird es als eine der fruchtbarsten Anschauungen der letzten Zeit betrachtet.

## Stringtheorie

Die Stringtheorie will ein permanentes Problem lösen, die Vereinigung von Teilchenphysik und Schwerkraft. Aber der Nebel hat sich noch nicht gelichtet. Konkrete Ergebnisse liegen bislang nicht vor. Insofern ist die Theorie immer noch ein Gedankenkonstrukt.

In dieser Theorie gibt es keine nulldimensionalen, punktförmigen Elementarteilchen, sondern winzigste, wie Saiten schwingende eindimensionale Fäden und Kringel (Typ I) mit endlichem Volumen. Die geschätzte Größe beträgt etwas mehr als $1,6 \times 10^{-35}$ Meter. Man befindet sich im Bereich der Planck-Länge (1,616). Teilchen sind hierbei – wie der Ton einer Gitarrensaite – einer bestimmten Schwingung zugeordnet. Unterschiedliche Schwingungen der Fäden lassen unterschiedliche Teilchen entstehen.

Diese Theorie übersteigt die menschliche Vorstellungskraft, denn sie basiert auf der Annahme, dass eine immens große Anzahl an Universen existiert (bis zu $10^{500}$) und durch Quanteneffekte immer wieder ein neuer Kosmos geschaffen wird. Man benötigt hier statt der vier üblichen Dimensionen (dreimal Raum, einmal Zeit) zehn bis elf davon. Man kann diese Dimensionen nicht erfassen, da sie auf kleinstem Raum zusammengefaltet beziehungsweise aufgerollt sind. Die Stringtheorie besitzt die Eigenschaften, den heiligen Gral der Physik, eine Vereinigung von Quantentheorie und Relativitätstheorie, eventuell herbeiführen zu können. Das Dilemma der Stringtheorie ist allerdings, dass eine Verknüpfung dieser beider Theorien erst in allerkleinsten Energiemaßen zu erwarten ist. Keine uns bekannte Technologie kann dies bis jetzt leisten.

Der große Bruder der Stringtheorie ist die Superstringtheorie. Sie sagt neue supersymmetrische Partnerteilchen voraus und macht dadurch alles noch etwas komplizierter. Allen Fermionen (Materieteilchen) wird hier ein entsprechendes Boson (Wechselwirkungs-teilchen) zugeordnet und umgekehrt. So gibt es hier etwa Selektronen, Squarks, Sneutrinos und Photinos. Für eine Verknüpfung der Quantentheorie mit der Relativitätstheorie ist sie noch besser geeignet als ihr kleiner Bruder.

# 5 Urknalltheorie

In den 20er-Jahren des letzten Jahrhunderts erforschte der Astronom Edwin Powell Hubble (* 1889; † 1953) mittels des zu dieser Zeit weltweit größten Spiegelteleskops auf dem Mount Wilson bei Los Angeles die kosmologische Rotverschiebung. Er entdeckte dabei, dass sich die Galaxien sowohl von uns als auch voneinander (je größer die Strecke zwischen den Objekten ist, desto schneller) entfernen. Daraus folgerte er im Umkehrschluss, dass diese irgendwann einmal viel dichter zusammen gelegen haben müssten. Er vertrat daher die Auffassung, dass, wenn man in der Zeit weiter und immer weiter zurückgehe, alle Galaxien einem äußerst heißen und dichten Punkt entsprungen sein müssten.

Nach dieser gängigen Urknalltheorie, dem zurzeit wohl meistakzeptierten, gültigen Standardmodell – das übrigens auch von der katholischen Kirche als Schöpfungsakt anerkannt wird – ist unser Universum vor 13,8 Milliarden (plus/minus 300.000) Jahre aus ebenjenem „Punkt" entstanden.

Ich weiß nicht, wie es Ihnen damit geht: Ich persönlich kann dies zwar akzeptieren, doch sprengt es meine Vorstellungskraft. Unter optimalen Bedingungen sind etwa 3.000 Sterne am Nachthimmel sichtbar. Und nun gehen Sie doch einmal ins Netz und betrachten Sie einige der wunderbaren Bilder und Videos des Hubble-Teleskops. Man sieht hier etwa tausend weit entfernte Galaxien (jede hat etwa 100 Milliarden Sterne) – und dies ist nur der winzige Bruchteil eines winzigen Bruchteils der gesamten Galaxien – und alle sollen einem Punkt entsprungen sein!? Unglaublich!

Die Singularität, die im Übrigen außerhalb jeglicher physikalischen Validierung liegt, muss eine unendliche Materiedichte mit einer irrwitzigen Energie besessen haben. Nur bei dieser hohen inneren Kraft und den damit verbundenen hohen Temperaturen können derart große Massen entstehen, wie wir sie heute vorfinden.

| Planck-Einheiten | Unterhalb dieser Werte verlieren die physikalischen Gesetze ihre Gültigkeit |
|---|---|
| Planck-Länge | $10^{-35}$ m |
| Planck-Zeit | $10^{-43}$ s |
| Planck-Ära | Die Planck-Ära ist der Zeitraum vom Urknall bis zur kleinsten noch sinnvollen Zeitangabe, der Planck-Zeit. Was vor und währen der Planck-Ära geschah, weiß niemand. |
| Inflation | Extremer Wachstumsschub des Universums. Die Theorie stammt von Alan Guth und ist mittlerweile durch das Auffinden von Gravitationswellen, welche kurz nach der Inflation entstanden sind, bestätigt. |
| Singularität | Punkt mit unendlicher Materie- und Energiedichte |
| Rotverschiebung | Je weiter eine Galaxie entfernt ist, desto größer sind auch die Rotverschiebung und die Wellenlängen des Lichts. Die Farbe verändert sich sukzessive von hellerem zu dunklerem Rot. Die Rotverschiebung von Licht rührt vom Dopplereffekt her. |
| Higgsfeld | Am 14.03.2013 wurde das Higgs-Teilchen am LHC gefunden. Wie schwierig dies war, zeigt sich an dessen Verweildauer von lediglich $10^{-22}$ Sekunden. Es verleiht der Materie Masse, wenn sich ein Teilchen durch das Higgs-Feld bewegt. |

*Erläuterung 2: Begriffe Urknalltheorie*

Die Urknalltheorie, die auf den belgischen Priester Georges Lemaître (*1894; †1966) zurückgeht und 1948 von Ralph Alpher, Hans Bethe und Georg Gamow veröffentlicht wurde, umreißt die Zeit nach der Singularität, also nach Ablauf der Planck-Zeit. Sie beschreibt demnach nicht die Entstehung unseres Universums, sondern die Entwicklung nach dem Urknall. Was davor war, ist empirisch nicht zugänglich. Dort versagen sämtliche physikalischen Theorien, alles bleibt Spekulation.

Ob es einen Auslöser gab oder ob alles purer Zufall war, ist nicht bekannt.

Die Urknalltheorie kann vieles erklären, eines aber nicht: den Urknall an sich.

## 5.1   Die Entstehung des Universums

Das Universum war gerade einmal $10^{-35}$ Meter groß (Planck-Länge), als der Raum explodierte. In dieser ersten Sekunde ist mehr geschehen als danach und mehr, als je passieren wird. Die Raumzeit und die Materie hatten ihren Anfang und aus der Urkraft wurde die Gravitation herausgelöst.

**Die Schwerkraft war, wie man heute weiß, optimal ausgelegt. Wäre sie nur eine Nuance schwächer oder etwas stärker gewesen, wäre das Universum zusammengestürzt oder erfroren.**

So aber wurde alles, was es im Universum gab, $10^{-35}$ Sekunden nach dem Big Bang durch die Inflation absolut gleichmäßig nach allen Seiten im Raum verteilt. Es wuchs um den Faktor $10^{30}$ bis $10^{50}$ seiner ursprünglichen Größe. Dies geschah mit Überlichtgeschwindigkeit in einer Zeitspanne von $10^{-33}$ und $10^{-30}$ Sekunden. Es ergibt sich dabei kein Widerspruch zur Relativitätstheorie, gemäß der es nichts Schnelleres als Licht gibt. Die Relativitätstheorie gilt nicht für die Ausdehnung des Raumes.

Kurz nach der Inflation – das Universum ist noch 10 Billionen Grad heiß und hat einen Radius von 300 Millionen Kilometern – bildeten sich Quarks, Anti-Quarks und Gluonen. Aufgrund der hohen Temperatur und fortwährender Kollisionen konnten aber noch keine stabilen Protonen und Neutronen entstehen. Es existierte eine kosmische Ursuppe, ein Quark-Gluonen-Plasma.

Bei rund 10 Milliarden Grad, also einer nahezu tausendfach höheren Temperatur als im Zentrum der Sonne, zerfiel das Plasma und die Quarks verbanden sich zu Neutronen und Protonen. Daneben entstanden viele andere Elementarteilchen wie Elektronen und Neutrinos.

Wenn Teilchen und Antiteilchen aufeinandertreffen, vernichten sich diese gegenseitig (siehe das Ableben unserer Erbse) und es entwickelt sich Energie. Anfangs entstand die gleiche Anzahl an Teilchen und Antiteilchen. Es herrschte ein Gleichgewicht von Erzeugung und Vernichtung. Nachdem sich das Universum aber noch einige weitere Sekunden abgekühlt hatte, vernichteten sich nur noch Teilchen-Antiteilchen-Paare (Materie und Antimaterie, zum Beispiel Proton-/Antiproton-Paare) unter Freisetzung von Strahlung, aber es entstanden keine neuen mehr.

Dann passierte etwas, für das es bisher noch keine Erklärung gibt: Es entstand ein Ungleichgewicht zwischen Materie und Antimaterie. Durch eine kleine Symmetrieverletzung (Teilchen/Antiteilchen) blieb von einer Milliarde Vernichtungsaktionen am Ende je ein Teilchen übrig. Aus diesen Teilchen besteht unser gesamter Kosmos.

**Da Materie und Antimaterie an sich im Verhältnis 1:1 hätten geboren werden müssen, dürfte es das Universum eigentlich gar nicht geben. Es gäbe lediglich ein Weltall voller Strahlung, allerdings ohne jegliche Materie. Wir hatten also bereits zum zweiten Mal großes Glück.**

Auch noch innerhalb der ersten Sekunde wandelten sich Protonen und Neutronen über die schwache Kernkraft ineinander um. Dabei wurden Unmengen von Neutrinos freigesetzt. Bei einer Temperatur von weniger als zehn Milliarden Grad stoppte dann schließlich die Umwandlung der Kernbausteine. Protonen sowie Neutronen waren im Verhältnis 7:1 vorhanden.

Bei einer Milliarde Grad entstand der Kern von Deuterium, eines Isotops des Wasserstoffes. Man nennt diesen Kern, der aus einem Proton und einem Neutron besteht, Deuteron. Die Deuteronen schlossen sich dann zu Heliumkernen zusammen, die aus zwei Neutronen und zwei Protonen zusammengesetzt sind. Der Mangel an Neutronen ließ aber nur eine begrenzte Anzahl an Heliumkernen zu. Der größte Teil der Protonen musste als einzelner Wasserstoffkern sein Leben fristen.

400.000 Jahre lang breitete sich nun ein Universum aus, in dem sich nur Wasserstoff und Helium befanden. Protonen, Neutronen, Elektronen, Photonen und Neutrinos schwirrten in der Gegend umher und krachten immer wieder ineinander. Das Universum war ein riesiger Lichtnebel. Durch den Aufprall von Photonen auf die Elektronen erhielten letztere immer wieder Energie und konnten der Anziehungskraft der Protonen entfliehen. Die Elektronen waren also noch völlig frei und nicht gebunden.

Während sich das Universum weiter abkühlte, änderte sich auch sein Inhalt. Nach 400.000 Jahren war die Temperatur ausreichend gesunken, und bei unter 4.000 Grad war die Bewegungsenergie der Elektronen so gering, dass die Atomkerne sie einfangen konnten. Es entstanden neben Helium und Wasserstoff ein wenig Silizium und Lithium.

Im Universum tummelten sich jetzt die ersten elektrisch neutralen Atome.

**Wäre die Masse der Elektronen einige Nuancen kleiner oder größer gewesen, dann hätte es keine Materie gegeben.**

Durch die Bindung der Elektronen verschwanden nun auch die Crashpartner der Photonen und das Licht konnte sich erstmals frei bewegen. Das Universum wurde transparent. Die Geheimnisse dieses ersten Lichts sind auch heute noch in der kosmischen Hintergrundstrahlung verborgen. In ihr als einzigartiger Zeugin der kosmischen Frühzeit sind wertvolle Informationen dazu gespeichert, welche Prozesse damals im kosmischen Ur-Plasma abliefen und wie sich aus ihm unser Universum entwickelte. Sie ist das älteste, das Menschen je beobachtet haben, und eine wichtige Stütze der Urknalltheorie. Man könnte sagen, sie ist ein Babyfoto unseres Kosmos.

Bevor unser Universum so werden konnte, wie es sich heute darstellt, musste noch viel passieren. Neben den bereits kurz nach dem Urknall vorhandenen leichtesten Atomen der Elemente Wasserstoff, Helium und Lithium waren auch noch alle anderen Atome des Periodensystems, Sterne und Planeten zu erschaffen. Dies war nur möglich, weil mit dem Urknall neben einer ganzen Reihe von Teilchen auch die im Universum wirkenden Kräfte ihren Anfang nahmen. Diese sind verantwortlich für alle chemischen und physikalischen Vorgänge im ganzen Universum und waren maßgeblich an der Entstehung der Materie beteiligt.

| Kraft | wirkt | durch |
| --- | --- | --- |
| Starke Kernkraft | im Atomkern | Gluonen |
| Schwache Kernkraft | im Atomkern | W- und Z-Bosonen |
| Elektromagnetische Kraft | de Facto unendlich | Photonen |
| Schwerkraft | de Facto unendlich | Gravitonen* |

*Erläuterung 3: Wirkungsweise der Kräfte*

## 5.2   Die starke Kernkraft

Die sogenannte ‚starke Kernkraft' ist etwa hundertmal stärker als die Coulombkraft (elektrostatische Anziehungskraft) und dafür verantwortlich, dass die Protonen aufgrund ihrer positiven und damit abstoßenden Ladung in einem Kern bleiben und nicht auseinanderfliegen.

Sie wirkt in den Atomkernen und hält die Quarks und somit die ganze Welt zusammen. Die wechselwirkenden Teilchen sind die Gluonen. Die Kraft hat eine Reichweite von maximal $2{,}5*10^{-15}$ Meter.

Sie hat die für uns paradoxe Eigenschaft, dass sie mit zunehmender Entfernung immer stärker wird.

Wäre diese Kraft nur eine Nuance kleiner, hätten sich keine Atome bilden können.

Wäre sie ein paar Prozentpunkte größer, gäbe es keinen Wasserstoff und somit kein Leben.

---

* Gravitonen sind Bestandteil vieler Theoriekonzepte, wurden aber bisher experimentell nicht nachgewiesen.

## 5.3   Die schwache Kernkraft

Diese wirkt tausendmal schwächer als ihre Kollegin, die starke Kernkraft. Sie ist nicht nur eine anziehende oder abstoßende Kraft, sondern agiert vor allem bei Zerfällen oder der Umwandlung von Teilchen. Ohne sie würden keine Sterne leuchten.

So setzt etwa die Sonne Energie frei, weil durch Fusion (Verschmelzung) von Wasserstoffkernen Helium entsteht. Nur durch die schwache Kraft ist die Umwandlung von Protonen in Neutronen möglich.

Die schwache Kraft wird durch die Wechselwirkung der W- und Z-Bosonen (s. Übersicht Quanten, Kapitel 14) übertragen.

## 5.4   Die elektromagnetische Kraft (Wechselwirkung)

Die Wirkung der zweitstärksten Kraft, die auf atomarer Ebene sichtbar wird, ist am klarsten spürbar und uns aus dem Alltag geläufig. Durch sie gibt es Licht, Elektrizität und den Magnetismus. Die elektromagnetische Kraft entsteht durch ruhende elektrische Ladungen und kann anziehend oder abstoßend sein. Sie hält Atome und Moleküle zusammen und legt fest, ob Materie neutral oder ionisiert ist. Auch ob Atome zusammengebunden werden können, entscheidet diese Kraft.

Die komplette Chemie basiert auf ihr, denn Reaktionen von Atomen erfolgen nur über ihre Elektronen.

Ohne die elektromagnetische Kraft gäbe es weder Funk noch Elektronik.

Sie wirkt auch aus großen Distanzen, denn ihre Reichweite ist de facto unendlich. Die Wechselwirkungsteilchen sind die Photonen.

Auch diese Kraft ist so exakt eingestellt, dass es stabile Atome und chemische Reaktionen geben kann. Ein Hauch mehr oder weniger Protonen-/Elektronenladung wäre schon fatal gewesen. Das Elektron wäre in den Kern gerauscht oder davongeflogen.

## 5.5  Die Schwerkraft

Die letzte der Kräfte, die hier vorzustellen sind, ist auch der King unter ihnen. Wer kennt ihn nicht, den berühmten Apfel, der vom Baum fällt (Newton). Die Gravitation oder Schwerkraft ist diejenige Kraft, die verantwortlich dafür ist, dass sich Objekte gegenseitig anziehen. Je schwerer ein Körper ist, desto größer die Anziehung.

Die Schwerkraft sorgt auch dafür, dass der Mond um die Erde, die Erde um die Sonne und alle Sterne unserer Milchstraße um das in ihrem Zentrum befindliche Schwarze Loch Sagittarius A* (erste veröffentlichte Bilder vom 12.05.2022) kreisen.

Die Reichweite der Gravitation ist unendlich (in der Physik: eine langreichweitige Kraft). Sie nimmt aber mit steigender Entfernung relativ schnell ab. So ist die Erdanziehung in 400.000 km Entfernung, auf dem Mond, auf 0,003 Prozent geschrumpft. Dies reicht aber immer noch aus, um ihn in seiner Bahn zu halten. Sie wirkt anziehend, hat aber keine Ladung.

Obwohl die Schwerkraft die schwächste aller Grundkräfte ist, war sie dafür verantwortlich, dass sich Sterne und Galaxien bildeten. Vorhandenes Material wanderte in große Materiewolken, dorthin, wo die Dichte groß war. Dichte und Masse wuchsen an und die Gravitation wirkte stärker und stärker. Die Massen wurden größer und größer. Die Wolken zogen sich zusammen und kollabierten schließlich unter ihrer eigenen Schwerkraft. Nachdem die Materie anfangs vergleichsweise gleichmäßig im Universum verteilt war, haben wir nun einen relativ leeren Raum.

In unserem Leben ist die Gravitationskraft jene Kraft, mit der die Masse eines Körpers von der Erde angezogen wird. Durch sie bleiben unsere Füße auf dem Boden.

Springen Sie aus dem Stand einen halben Meter hoch, dann zieht Sie die Schwerkraft in einer Sekunde wieder auf den Boden. Bei geringerer Schwerkraft können Sie aber durchaus auch höhere Sprünge machen. Auf dem Pluto kämen Sie sieben Meter hoch, auf Mimas, einem Eismond des Saturn, mit seiner Oberflächengravitation von $0{,}064\,\text{m/s}^2$ sogar locker auf 77 Meter. Richtig Fun würde es auf dem Kometen Tschuri bereiten: Hier kämen Sie auf eine Höhe von 854 Metern. Die Anziehungskraft des kleinen Himmelskörpers erreicht nur etwa ein Zehntausendstel der Erde.

Die Einwirkung einer Schwerkraft erzeugt eine Gewichtskraft.

Steigen Sie auf die Waage, dann zeigt Ihnen das Gewicht, wie stark Sie von der Erde angezogen werden. Sofern Sie Gewichtsprobleme haben, sollten Sie sich lieber auf dem Mond wiegen: Dort haben Sie nur noch ein Sechstel Ihres Gewichtes. Die Masse ist ortsunabhängig, das Gewicht jedoch abhängig vom Ort.

Nicht nur große Massen haben eine Anziehungskraft, sondern alle Massen verschiedener Körper ziehen sich an. Wenn Sie eine Tasse Kaffee trinken, so ziehen Sie die Tasse an, die Tasse aber auch Sie.

Da die Gravitation den Raum krümmt und mit der Dimension Zeit eine untrennbare Einheit bildet, zum Schluss noch ein Tipp:

Sollten Sie in einem höheren Stockwerk wohnen, so empfehle ich Ihnen, ins Parterre umzuziehen. Dort altern Sie langsamer.

Falls Sie dies anzweifeln, sollten Sie zwei Atomuhren kaufen, sich im Burj Khalifa einquartieren und dies nachmessen.

Sofern Sie sich aber schon nach einer neuen Wohnung umsehen: In 80 Jahren verlängern Sie Ihr Leben um neun Milliardstel Sekunden je Stockwerk.

Diese Einsparungen sind Ihnen zu gering? Durch die Dauerbuchung einer tief gelegenen Kabine auf einem Kreuzfahrtschiff können Sie nochmals einen ähnlichen Wert herauskitzeln. Sie befinden sich einerseits auf Meereshöhe und andererseits altert man additiv durch die Bewegung des Luxusliners nochmals langsamer.

## 5.6  Die Geburt der Elemente

Am Anfang gab es nur leichte Elemente wie Wasserstoff und Helium (minimal Lithium und Beryllium). Dann wurden im heißen Zentrum der Sterne in Millionen von Jahren nach und nach schwere Elemente bis hin zum Eisen geboren. Dies geschah durch Kettenreaktionen und das Einfangen von Neutronen durch Kerne.

Einige Sterne wurden riesengroß. Der Brennstoff wurde schnell verbraucht und sie fielen zusammen und explodierten. Durch diese Explosionen (Supernovae) kamen einige noch schwerere Elemente hinzu und alle zusammen gelangten in den Raum.

Unter diesem Sternenstaub befanden sich auch die Atome von Sauerstoff und Kohlenstoff, aus denen alles Leben auf unserem Planeten entstanden ist.

## 5.7  Die Zusammensetzung des Universums

Nur etwa zehn Prozent eines Eisbergs sehen wir über der Wasseroberfläche. Der Rest befindet sich im Verborgenen. Ganz ähnlich verhält es sich mit der Materie im Universum: All die Sterne und Galaxien stellen nur einen kleinen Teil der Gesamtmasse dar.

## 5.7.1 Materie, wie man sie kennt

Allein unsere Milchstraße hat etwa die Masse von 100 Milliarden Sonnen. Im Universum gibt es zusätzlich etwa 200 Milliarden Galaxien mit jeweils 100 Milliarden dieser selbstleuchtenden Sterne. Nahezu jeder von ihnen hat auch ein Planetensystem (im Durchschnitt 1,6 Planeten, meist Gasplaneten, aber auch Gesteins- und Wasserplaneten). Zusätzlich fliegen noch einsame Wanderer, ungebundene Planeten, in aberwitziger Zahl durch die Gegend. Und dennoch: Diese scheinbar gewöhnliche Materie, wie wir sie kennen, mit ihren ganzen Planeten, Sternen und Galaxien hat zwar etwa $2 \times 10^{78}$ Atome, macht aber nur fünf Prozent der Gesamtmasse des Universums aus.

Tja – und der Rest? Da muss noch etwas fehlen. Und tatsächlich, da tummelt sich noch etwas Dunkles, Geheimnisvolles im Raum.

## 5.7.2 Dunkle Materie

‚Dunkel‘ wird diese Materie auch deshalb genannt, weil noch im Dunkeln liegt, worum es sich dabei handelt.

Wenngleich das Wort ‚Materie‘ uns dies suggeriert, so ist sie doch nichts Körperliches.

Wie kam man auf die Dunkle Materie?

In den 1930er-Jahren befasste sich der Astronom Fritz Zwicky (*1898; †1974) mit rund eintausend Galaxien, die als Coma-Cluster bekannt sind.

Er stellte fest, dass die Galaxien viel zu schnell waren, um durch die Anziehungskräfte der sichtbaren Objekte im Haufen gebunden zu bleiben. Eigentlich müssten diese aus dem Haufen herausgeschossen werden.

Er folgerte daraus, dass die dauerhafte Gruppierung nur dadurch zu erklären sei, dass es um und in den Galaxien viel mehr Masse und damit Anziehungskräfte geben müsse, als man sehen konnte.

Zwicky gab mit seinen Untersuchungen den ersten Hinweis auf die Existenz von Dunkler Materie.

Einige Jahrzehnte später untersuchte die US-amerikanische Astronomin Vera Rubin (*1928; †2016) die Andromeda-Galaxie. Ihr besonderes Interesse galt den Sternen, die sich am Rand der Galaxie befanden.

Diese sollten sich eigentlich so verhalten, wie es Planeten tun, welche die Sonne umkreisen. Jene werden aufgrund der geringeren Gravitation immer langsamer, je weiter sie von der Sonne entfernt sind. Rubin stellte jedoch fest, dass die Umlaufgeschwindigkeiten der Sterne – unabhängig von der Entfernung zum Zentrum – weitestgehend linear bei 200 km/s lagen. Es schien so, als wären die Sterne der Galaxien in eine große Wolke aus Dunkler Materie eingebettet.

Die Dunkle Materie ist elektrisch neutral und zeigt sich durch die Wechselwirkung mit der uns bekannten Materie, entzieht sich aber jeglicher Betrachtung. Woraus diese Materie besteht, weiß man bis heute nicht.

Es gibt jedoch einige Ansätze, worum es sich dabei handeln könnte.

Einer davon basiert auf einer unbekannten Teilchenart. Diese Teilchen sollen massereich und schwach wechselwirkend, also dunkel sein. Um die Entstehung von Galaxien und Galaxienhaufen erklären zu können, müssen diese zudem relativ langsam, also kalt sein. Man nennt sie WIMPs (engl.: weakly interacting massive particles). Ein anderer Ansatz beschreibt ein symmetrisches Universum. Dieser Theorie folgend entstand mit dem Urknall ein gespiegeltes Universum, das sich auf der anderen Seite unseres Universums befindet (z. B. nach Julian Barbour, dem englischen Physiker). Es hat dieselben Sterne und Galaxien wie unser Universum, besteht aber aus Antimaterie und die Zeit läuft in ihm rückwärts. Durch die Verbindung der beiden Universen könnte eine große Zahl extrem schwerer, neutraler Neutrinos erschaffen werden, die eine Erklärung für die Dunkle Materie liefern könnten. Die Dunkle Materie nimmt etwa 25 Prozent des Universums ein. So, jetzt fehlen uns noch 70 Prozent.

### 5.7.3 Dunkle Energie

Sie ist eine hypothetische Energieform, die sich nicht durch elektromagnetische Strahlung bemerkbar macht. Daher nennt man sie ‚dunkel‘.

In den ersten Milliarden Jahren verlangsamte sich die Expansion des Universums zunächst. Vor einigen Milliarden Jahren fand dann eine gravierende Veränderung statt: Es muss einen Moment gegeben haben, in dem eine Kraft übernommen hat, die entgegen der Gravitation, also antigravitativ, wirkt und damit das Universum auseinandertreibt. Bemerkenswert ist dabei, dass die Galaxien sich voneinander entfernen, ihre Position aber nicht ändern. Man kann sich dies wie folgt vorstellen: Auf einem Luftballon sind zwei Punkte markiert. Beim Aufblasen bleiben die Punkte exakt da, wo sie waren, entfernen sich aber voneinander. Zwei eine Million Lichtjahre voneinander entfernte Punkte donnern so mit einigen zigtausend Kilometern pro Stunde auseinander. Mit größeren Entfernungen steigen die jeweiligen Geschwindigkeiten exorbitant. Durch die Expansion des Universums fällt die herkömmliche Materiedichte immer weiter ab. Galaxien, die heute noch gut sichtbar sind, werden – gleichbleibende Technik unterstellt – irgendwann aus unserem Blickfeld verschwinden.

Interessanterweise bleibt die Dichte der Dunklen Energie bei diesem Vorgang konstant. Dies bedeutet, dass diese Energie immer größer und größer wird. Der Anteil der Dunklen Materie dagegen wird seit der Entstehung des Universums immer kleiner.

Die Formel $E = mc^2$ versagt bei der Dunklen Energie. Besäße diese eine Masse, sollte die Expansion abgebremst werden. Es muss sich also um etwas ganz anderes handeln und eigentlich eine negative Energie sein, die der Gravitation entgegenwirkt. Aber auch hier tappt man – analog der Dunklen Materie – letztendlich noch völlig im Dunkeln.

Die zurzeit bevorzugte Erklärung für die Dunkle Energie ist, dass man sie als Vakuumenergie des ‚leeren Raumes' versteht.

Die Dunkle Energie ist mit 70 Prozent im Universum vertreten.

## 5.8   Sind unser Universum und das Leben große Zufälle?

Es gibt viele unveränderliche physikalische Konstanten, die notwendig sind, um den Zustand unseres Universums zu erklären. Man kann diese in elektromagnetische, atomare, universelle und physikalische Konstanten unterteilen. Sie sind fundamental und können nicht durch andere Naturgesetze hergeleitet werden. Sie unterliegen weder Zeit noch Ort.

Zu den 37 Naturkonstanten, die den Kosmos regieren, gehören beispielhaft die Raumdimensionen, die Lichtgeschwindigkeit, das Plancksche Wirkungsquantum sowie die Inflation. Alle Parameter sind exakt so ausgelegt, dass der physikalische Zustand unseres Universums zustande kommen konnte.

Wie erstaunlich die Präzision dieses Bauplanes ist, kann man sehr gut anhand der Expansionsrate darstellen. Diese musste mit einer Genauigkeit von $1:10^{57}$ getroffen werden, um mit der kritischen Dichte übereinzustimmen, damit Sonnensysteme und Galaxien entstehen konnten.

Wenn Sie sich die hervorgehobenen Sätze der letzten Seiten ansehen, so mussten auch die dort aufgeführten Größen exakt getroffen werden und mit der Gesamtheit harmonieren.

In der Wissenschaft nennt man dieses optimale Zusammenspiel die ‚Feinabstimmung der Naturkonstanten‘.

Kann dies alles purer Zufall sein? Nein, ein einmaliges Würfeln reicht hier nicht aus.

Nehmen wir doch einmal für die Feinabstimmung beziehungsweise Optimierung all dieser einzelnen Größen eine bestimmte Wahrscheinlichkeit dafür an, dass sie willkürlich so geschaffen wurden. Dazu legen wir eine Verteilung auf Basis ‚vernünftiger‘, zulässiger und nicht-zulässiger Bereiche für die einzelnen Parameter fest.

Wenn dies auch nicht der Fall ist, so nehmen wir der Einfachheit halber zusätzlich an, dass die Ereignisse weitestgehend stochastisch unabhängig sind. Multipliziert man nun alle Einzelwahrscheinlichkeiten, ergibt sich eine irrwitzig kleine Gesamtwahrscheinlichkeit, dass alle physikalischen Konstanten und Naturkräfte zufällig so beschaffen sind, damit sich Galaxien, Sterne und Leben bilden konnten. Auch wenn es vielleicht noch die eine oder andere Kombination für ein bewohnbares Universum geben sollte, so kann man meines Erachtens den Zufall faktisch ausschließen.

Auch eine physikalische Notwendigkeit dafür, dass ein Universum von Natur aus exakt so konzipiert sein muss, ist aus heutiger Sicht nicht gegeben. Die Naturkonstanten hätten jederzeit auch andere Werte annehmen können. Es hat zumindest den Anschein, als hätte jemand oder etwas alles so abgestimmt und maßgeschneidert, dass genau dieses Universum zustande kommt, das Leben möglich macht.

Anzumerken ist im Rahmen der obigen Betrachtungsweise allerdings, dass einerseits unser Verständnis für diese Harmonie vielleicht unzureichend ist und es andererseits durchaus Interpretationen und Theorien gibt, welche die Existenz eines derart ausbalancierten Universums möglich machen (siehe Kapitel 25). Allerdings muss man dann hierbei – zumindest in den meisten Fällen – in Kauf nehmen, dass es auch eine unendliche Anzahl sinn- und zweckloser Universen gibt.

# 6 Mensch



Erinnern Sie sich an das letzte Kapitel? Es ist nicht nur eine Metapher, wenn es heißt, wir bestünden aus Sternenstaub. Es ist die Realität.

Dieser ‚Staub' bildet mit seinen chemischen Elementen das filigrane Gebilde des Menschen.

Im Verlauf der Evolution sind all diese natürlichen Elemente durch die Kernverschmelzung aus Wasserstoff- und Heliumkernen entstanden und durch den Tod von Sternen im All verteilt worden.

Im Einzelnen sind dies beim Menschen nach dem Gewicht und der Anzahl der Atome:

|  | Gewicht in % | Atomanzahl in % |
| --- | --- | --- |
| Sauerstoff | 56 | 26 |
| Kohlenstoff | 28 | 9 |
| Wasserstoff | 9 | 63 |
| Stickstoff | 2 | 1 |
| Andere | 5 | 1 |

*Erläuterung 4: Zusammensetzung des Menschen*

All diese Atome bestehen aus quantenmechanischen Teilchen, und besitzen keine individuellen Eigenschaften. Sie sind ununterscheidbar. Ein Wasserstoffatom auf der Erde entspricht mit seinen drei Quarks und dem einen Elektron exakt einem anderen Wasserstoffatom irgendwo im Universum.

**Dies bedeutet letztendlich, dass der Mensch aus einer großen Menge Quarks und Elektronen sowie ein bisschen Klebstoff (Gluonen) besteht.** Dass es vom Aufbau her unterschiedliche Menschen gibt, liegt nicht nur an der Menge der verschiedenen Atome, sondern auch an deren Verbindung oder vielmehr Anordnung.

Verbinden sich Atome, so erhält man Moleküle. Hierbei handelt es sich im weitesten Sinne um zwei- oder mehratomige, elektrisch neutrale Teilchen, die aufgrund chemischer Bindungen zusammengehalten werden. Mehrere Atomkerne können auch eine gemeinsame Hülle – also gemeinsame Elektronen – haben.

Es existieren durchaus Moleküle, die aus nur einem Element aufgebaut sind. Die meisten sind jedoch Verbindungen aus verschiedenen Elementen. Zum Beispiel ist Wasser aus zwei Wasserstoffatomen und einem Sauerstoffatom aufgebaut ($H_2O$). Um Ihnen das Ausmaß eines Moleküls nahezubringen: Sie haben eine Größenordnung von $10^{-9}$ Meter. Mit einem Atemzug inhalieren wir etwa $10^{22}$ Moleküle.

Die nächstgrößere Einheit, aus der Lebewesen bestehen, sind die Zellen.

Sie sind die kleinste Einheit von Leben und damit die kleinsten Funktionseinheiten im Körper des Menschen. Jeder von uns besitzt etwa $10^{13}$ dieser Minis.

Die allerkleinsten von ihnen enthalten noch Billionen von Atomen und Molekülen.

Es gibt etwa 200 Zelltypen, die sich zu Geweben, Organen und letztlich Organsystemen zusammenschließen.

Elementarteilchen an sich sind unsterblich, die Verbindung der Atome aber ist von begrenzter Dauer.

Es wird Sie erstaunen, aber in jeder Sekunde sterben in uns rund 50 Millionen Zellen ab. Die Neubildung erfolgt zu nahezu (Alterungsprozess des Menschen) 100 Prozent. Der Austausch verläuft jedoch unterschiedlich schnell. Zum Beispiel werden je Tag 200.000.000.000 rote Blutkörperchen ersetzt. Bereits nach 120 Tagen ist der komplette Austausch abgewickelt. Schneller wird der Wechsel zum Beispiel im Magen (zwei bis neun Tage) vollzogen. Die Leber benötigt hierfür ein halbes bis ein ganzes Jahr, und alle zehn Jahre haben wir ein neues Skelett. Keinen Ersatz erfährt das zentrale Nervensystem. Grob kann man sagen, dass Sie alle sieben bis zehn Jahre ein neuer Mensch sind.

Die meisten Atome werden also in rasantem Tempo ausgetauscht. Dies betrifft etwa 98 Prozent unseres Körpers pro Jahr.

Und was passiert mit diesen Atomen dann? Alle gehen als Baustoff in die Umwelt zurück und werden an anderer Stelle wiederverwendet. Auch der Mensch nimmt durch das Atmen, Essen und Trinken stetig neue Materie auf.

Jetzt sind Sie an der Reihe: Was bedeutet dieser rege Austausch letztendlich?

Glasklar, Sie haben Atome von Steinen, Gräsern, Bäumen, einem T-Rex, Hasen, Vögeln, ... und letztlich auch vielen anderen Menschen in sich. Auch Max Planck und Albert Einstein dürften vertreten sein.

Wie geht es Ihnen nun? Noch alles paletti?

Es geht Ihnen gut.

Na prima, dann vertragen Sie auch noch den Rest.

Gehen wir doch gemeinsam in der Struktur des Menschen rückwärts.

Wir haben Organsysteme → Organe → Gewebe → Zellen → Moleküle → Atome.

Nun schauen wir uns die ‚menschlichen‘ Atome etwas genauer an.

Wir betrachten die Atomhülle, auf der unsere Elektronen ihre Bahnen ziehen. Die Hülle hat ja – wie Sie schon wissen – einen circa zehntausendfach größeren Durchmesser als der Kern. Pumpen wir Letzteren auf die Größe unseres Medizinballes von einem Meter Größe auf, dann befindet sich das winzige Elektron in etwa zehn Kilometern Entfernung auf seiner Kreisbahn (nach Bohr).

Und was befindet sich dazwischen? Gähnende Leere!!!

Und was zeigt sich im Atomkern? Weitestgehend nichts.

Halten Sie hier doch wieder einmal beim Lesen inne und fragen Sie sich, was dies für Ihre Person bedeutet.

Ich habe an dieser Stelle leider eine ausgesprochen schlechte Nachricht für Sie:

**Sie bestehen zu 99,999999 Prozent aus nichts, aus leerem Raum.**

Es liegt mir fern, Sie beleidigen zu wollen, aber Sie sind ganz schön hohl.

Hallo, sind Sie noch da?

Tatsächlich, Sie lesen ja weiter.

Dann machen Sie doch einmal folgende destruktive Übung:

Nehmen Sie Ihren rechten Zeigefinger und versuchen Sie, damit die Handfläche Ihrer linken Hand zu durchbohren. Die Hand ist ja zu 99,999999 Prozent ‚hohl‘. Das müsste daher doch problemlos möglich sein. Bitte keine Fingerfrakturen oder Blutergüsse verursachen! Na, hat es geklappt? Nein? Nun, das hätte ich Ihnen auch gleich sagen können.

Materie besteht zwar im Wesentlichen aus leerem Raum, macht sich aber durch verschiedene Kräfte, die Sie spüren, bemerkbar.

Was Sie als Widerstand wahrnehmen, sind elektromagnetische Wechselwirkungen.

> Einerseits sind es volle Elektronenschalen, welche die Atome daran hindern, sich zu überlappen,
> andererseits sitzen sowohl im äußersten Bereich des Fingers als auch der Hand Elektronen, und diese stoßen sich – ähnlich wie zwei magnetische Nordpole – ab.

Es sind also die Elektronen, die uns vorgaukeln, alles bestehe aus stabiler Materie.

Okay, das Atom ist im Prinzip leer. Sehen wir uns dennoch einmal an, welches Volumen die Teilchen haben, aus denen wir bestehen. Das winzige Elektrönchen können wir bei dieser Betrachtung vernachlässigen. Die ganze Masse unserer Atome befindet sich somit im Kern. Das Volumen eines Atomkerns beläuft sich auf ca. $10^{-38}$ Kubikzentimeter (Wasserstoff). Betrachten wir wieder unseren gut genährten Homo sapiens von hundert Kilogramm Gewicht. Sie haben gut aufgepasst: Er hat $10^{28}$ Atome.

Das Volumen seiner Kerne beträgt also $10^{38} - 10^{28} = 10^{-10}$ Kubikzentimeter.

Bei rund acht Milliarden Menschen auf der Erde hat die Gesamtheit der Atomkerne aller lebenden Menschen demnach ($10^{-10}$ x 8.000.000.000) ein Volumen, das in einen Fingerhut passt.

Ja, 0,08 Kubikzentimeter.

Würde man den leeren Raum zwischen Kern und Elektron auf null reduzieren, müsste man jeden Einzelnen von uns mit einem guten Mikroskop suchen.

Haaallooo, haaallooo, ist noch irgendjemand da?

*Menschen bestehen aus Sternenstaub. Wir alle sind aus einer großen Menge Quarks und Elektronen sowie ein bisschen Klebstoff (Gluonen) zusammengesetzt. Sie tragen sehr wahrscheinlich Atome von Steinen, Gräsern, …, einem T-Rex und vielleicht auch von Albert Einstein und/oder Max Planck in sich. Der Mensch besteht zu 99,999999 Prozent aus nichts, einem leeren Raum. Würde man diesen leeren Raum entfernen, müsste man uns unter dem Mikroskop suchen.*

# 7  Licht

Albert Einstein: „50 Jahre intensiven Nachdenkens haben mich der Antwort auf die Frage ‹Was ist Licht?› nicht nähergebracht. Natürlich bildet sich heute jeder Wicht ein, er wisse die Antwort. Doch da täuscht er sich."[6]

Nahezu alle wissenschaftlichen Erkenntnisse im Hinblick auf die Natur und die Entstehung des Universums beruhen auf theoretischen oder praktischen Untersuchungen mit Licht.

Auch wir werden dem Licht große Aufmerksamkeit schenken, da viele Entdeckungen in der Quantenphysik auf dem Instrument Licht beruhen und die Versuche mit Licht die Welt der klassischen Physik vollständig auf den Kopf gestellt haben.

Zunächst einmal eine einfache Frage: Sie wissen natürlich, was Licht ist. Können Sie es auch exakt beschreiben? Ich glaube, das wird Ihnen schwerfallen, da man üblicherweise nicht darüber nachdenkt und ja auch Herr Einstein keine Antwort auf diese Frage wusste.

## 7.1  Geschichte

Licht hat schon in allen Epochen die Menschheit fasziniert.

Phänomene wie Blitze, Morgen- und Abendrot, Regenbögen sowie die Farben der Mutter Natur beeindruckten die Völker seit Urzeiten. Ein profundes Verständnis für die vielfältigen Eigenschaften des Lichts war ihnen aber nicht gegeben.

Es waren wohl die Gelehrten der alten Griechen, die sich erstmals mit der Frage beschäftigten, was denn Licht oder das Sehen sei. Schon einige Jahrhunderte vor Christus mischten hier Größen wie Ptolemäus, Pythagoras, Aristoteles und Euklid mit. Letzterer sprach bereits von einer geradlinigen Ausbreitung von Licht. Ptolemäus nahm an, dass Licht mit den Sehstrahlen wechselwirke und Körper auf diese Weise sichtbar mache. Aristoteles vermutete ein Medium, eine Art Äther, in dem sich das Licht verbreite. Auch Pythagoras machte sich Gedanken um die Eigenschaften des Lichts: Er glaubte, dass die Augen Sehstrahlen aussenden, die von Objekten zurückgedrängt werden. Er vergaß dabei allerdings, dass er dann nachts auch wie ein Luchs hätte sehen müssen.

Letztlich ist es aber keineswegs verwunderlich, dass die damaligen Gelehrten ohne das technische Wissen und die optischen Instrumente der frühen Neuzeit komplett danebenlagen. Doch auch bis in die Neuzeit war keinesfalls klar, um was es sich bei Licht handelt.

Erst ab dem 17. Jahrhundert gab es einige spärliche Ansätze zu Beschaffenheit und Verhalten von Licht.

## 7.2 Lichtgeschwindigkeit

Ob die Geschwindigkeit des Lichts unbegrenzt oder beschränkt ist, war lange Zeit nicht bekannt. Erst im Jahr 1676 gelang dem dänischen Astronom Ole Rømer (*1644; †1710) die Lösung dieser Frage. Er führte den Nachweis mithilfe des innersten der Jupitermonde, der in 42,5 Stunden den Jupiter umkreist. Er stellte fest, dass das Licht von IO schneller auf der Erde eintraf, wenn sich Erde und Jupiter auf der gleichen Seite der Sonne befinden, als wenn beide jeweils auf den gegenüberliegenden Seiten der Sonne lokalisiert sind. Rømer zog daraus den Schluss, dass Licht eine endliche Geschwindigkeit hat. Seinen Berechnungen zufolge sollte diese bei etwa 227.000 Kilometern in der Sekunde liegen. Rømer hat diesen Wert aber nie veröffentlicht.

Es war der niederländische Naturforscher Christiaan Huygens (*1629; †1695), der – aufbauend auf den Beobachtungen und Ergebnissen von Rømer – zwei Jahre später erstmals eine Geschwindigkeit von 213.000 Kilometern in der Sekunde öffentlich nannte. Für die damalige Zeit bereits ein recht guter Wert.

Wie wir heute wissen, beträgt die Lichtgeschwindigkeit im Vakuum 299.792.458 Meter in der Sekunde. Durchdringt das Licht ein Medium wie Wasser, so wird diese Geschwindigkeit allerdings erheblich reduziert (Wasser: 225.000.000 Meter/Sekunde).

## 7.3  Licht: Welle oder Teilchen?

**Niels Bohr: „Wenn mir Einstein ein Radiotelegramm schickt, er habe nun die Teilchennatur endgültig bewiesen, so kommt das Telegramm nur an, weil das Licht eine Welle ist."[7]**

Es war ebenfalls Christiaan Huygens, der aufgrund von Studien zur Ausbreitung des Lichts zu dem Schluss kam, dass dieses sich wie eine Welle verhält. Jeder Punkt auf der Wellenfront einer sich ausbreitenden Welle sollte dabei Ausgangspunkt einer kreis- oder kugelförmigen neuen Welle sein. Die Überlagerung aller Elementarwellen ergab die neue Lage der Wellenfront. Sein ‚Huygenssches Prinzip' lieferte einfache Erklärungen zur Beugung, Brechung und Reflexion von Licht.

Diese Theorie wurde bedauerlicherweise in der Öffentlichkeit anfangs nur belächelt. Dies lag insbesondere daran, dass sie sich aufgrund des hohen Ansehens von Isaac Newton nicht gegen dessen Teilchentheorie durchsetzen konnte.

**Albert Einstein: „Es ist schwieriger, eine vorgefasste Meinung zu zertrümmern als ein Atom."[8]**

Isaac Newton (*1643; †1727) versuchte, Licht mit einem Strom kleinster Teilchen (Korpuskeln) zu erklären. Die Korpuskeln sollten dabei geradlinig von leuchtenden Körpern mit großer Geschwindigkeit ausgeschleudert werden. Mit der Korpuskeltheorie konnte man zwar die Reflexion, nicht aber andere Dinge wie die Beugung und Brechung von Licht erklären.

Erst im Jahr 1802 kippte die Meinung der Wissenschaftler zugunsten der Wellentheorie.

Der englische Arzt Thomas Young (*1773; †1829) kam mit seinem Doppelspaltversuch (dieser Versuch ist eines der Schlüsselexperimente in der Geschichte der Physik, und wir sehen uns diesen später noch genauer an) zu dem Ergebnis, dass Licht eine Welle sein muss. Auch die Untersuchungen zur Beugung des Lichts von Augustin Fresnel unterstützten dies.

Eine Weiterentwicklung der Wellentheorie kam von James Maxwell (*1831; †1879), einem schottischen Physiker. Er konnte als Erster elektromagnetische Wellen im Labor erzeugen und stellte fest, dass diese sich ähnlich wie Licht verhielten. Nach seiner Prognose bestand Licht nun aus Wellen, in denen elektrische und magnetische Felder mit bestimmten Frequenzen schwingen. Ein elektrischer Strom erzeugt ein Magnetfeld, dieses erzeugt ein elektrisches Feld, dieses wieder ein Magnetfeld und so fort. So entsteht eine elektromagnetische Welle.

| Elektromagnetische Wellen | Wellen aus sinusförmigen, verknüpften elektronischen und magnetischen Feldern, welche in der Regel senkrecht zueinander und senkrecht zur Ausbreitungsrichtung stehen. Verbreiten sich im Raum mit Lichtgeschwindigkeit. |
| --- | --- |

*Erläuterung 5: Definition der elektromagnetischen Welle*

Maxwells Auffassung wurde von Heinrich Hertz (*1857; †1894) bestätigt, der ebenfalls elektromagnetische Wellen erzeugte und nachwies, dass die Eigenschaften dieser Wellen denen der Lichtwellen entsprachen.

Licht war nun einer der vielen Effekte des Elektromagnetismus. Dies versetzte der Teilchentheorie zunächst den Todesstoß.

In Kürze vorab:

Der deutsche Physiker Max Planck befasste sich Ende des 19. Jahrhunderts mit dem Farbspektrum des Lichts, das von dunklen Körpern abgestrahlt wird. Bei der Emission dieses Lichts entdeckte er, dass man eine Diskretisierung der Energie für jede einzelne Wellenlänge annehmen muss.

Im Jahr 1900 schlug er daher die Quantelung der Strahlung in einzelne Energiepakete vor.

Albert Einstein griff diese Idee auf und stellte im Jahr 1905 seine Lichtquantenhypothese vor. Danach sollte sich Licht einer Frequenz v unter bestimmten experimentellen Bedingungen wie Teilchen mit der Energie hv verhalten. Diese Lichtportionen nannte man ‚Photonen'. Deren Energie sollte mit der Farbe des Lichts zusammenhängen.

Damit war man jetzt bei bestimmten Versuchen wieder bei den Teilchen angelangt – und die Frage, ob Licht sich wie eine Welle oder ein Teilchen verhält, war wieder komplett offen.

Doch die sehr gegensätzlichen Aussagen müssen sich nicht unbedingt widersprechen: Einige Experimente lassen sich eben nur mit der Teilchentheorie, andere mit der Wellentheorie beschreiben.

Also, was ist denn nun Licht? Teilchen oder Welle?

Es ist, vereinfacht gesagt, Teilchen und Welle zugleich.

**Sir Arthur Eddington: „Wir dachten immer, wenn wir Eins kennen, dann kennen wir auch Zwei, denn Eins und Eins sind Zwei. Jetzt finden wir heraus, dass wir lernen müssen, was und bedeutet."** [9]

## 7.4 Zuordnung der optischen Erscheinungen

Um die Phänomene des Lichts der Teilchen- oder der Wellentheorie zuzuordnen, werden wir uns diese im Einzelnen ansehen.

**Reflexion**
Ein Lichtstrahl wird von einer glatten Oberfläche, zum Beispiel einem Spiegel, so abgelenkt, dass dieser sich vollständig in einer Richtung vom Spiegel wegbewegt. Eintritts- und Austrittswinkel sind dabei gleich.

**Brechung**
Der Lichtstrahl wird beim Wechsel von einem Medium (zum Beispiel Luft) in ein anderes (zum Beispiel Wasser) gebrochen. Die Brechung erfolgt dabei nach den verschiedenen Brechungsindizes.

## Interferenz

Hier handelt es sich um eine Überlagerung von Wellenzuständen. Dabei können sich Wellen verstärken oder ganz auslöschen.

## Beugung

Trifft Licht auf ein kleines Hindernis oder eine kleine Öffnung, überlagern sich dahinter die Wellen und es entsteht eine gebeugte Wellenfront. Die Wellen werden also abgelenkt und das Licht breitet sich auch in den Schattenraum aus.

## Polarisation

Im Wellenmodell ist Licht eine senkrecht zur Ausbreitungsrichtung schwingende Welle, also eine Transversalwelle. Da diese sich nach allen Richtungen ausbreiten kann, gibt man mit der Polarisation diejenige Richtung an, in der die Welle schwingt.

## Photoelektrischer Effekt

Dieser beschreibt die Abgabe von Elektronen von einer Oberfläche (zum Beispiel Metall), die von Licht getroffen wird. Es werden Elektronen aus Atomen gelöst, indem Photonen aufgenommen werden.

Wie Sie nachfolgend in Abbildung 6 sehen, können manche Vorgänge sowohl mit der Wellen- als auch der Teilchentheorie erklärt werden. Es ist ein einziges Hin und Her: Teilchen verhalten sich wie Wellen, Wellen verhalten sich wie Teilchen.

| Phänomen | Kann mit Hilfe der Wellentheorie erklärt werden | Kann mit Hilfe der Teilchentheorie erklärt werden |
|---|---|---|
| *Reflexion* | ja | ja |
| *Interreferenz* | ja | nein |
| *Beugung* | ja | nein |
| *Polarisation* | ja | nein |
| *Photoelektrischer Effekt* | ja | ja |

Abbildung 6: Wellen-/Teilchentheorie

Fast alle Phänomene passen zur Wellentheorie; einzig beim photoelektrischen Effekt ergeben sich einige Aspekte, welche anhand des klassischen Wellenmodells nur schwerlich erklärt werden können (Obere Grenzwellenlänge, trägheitsloses Einsetzen des Photostroms).

Anmerkung: Im Rahmen der semi-klassischen Näherung, kann der photoelektrische Effekt auch gänzlich ohne Photonen erklärt werden (Entnahme von diskreten Energieportionen aus dem kontinuierlichen Feld).

Unabhängig von der Zuordnung der obigen Lichtphänomene kann man allgemein festhalten: Das Wellenmodell wird für Versuche zur Ausbreitung des Lichts im Raum benutzt. Für Versuche, bei denen es um die Wechselwirkung mit anderer Materie geht, verwendet man das Teilchenmodell.

## 7.5  Die Farben des Lichts

Isaac Newton befasste sich nicht nur mit den Korpuskeln, sondern zerlegte auch mithilfe von Glasprismen weißes Licht in die verschiedenen

Spektralfarben. Eine konkrete Wellenlänge oder einen definierten Wellenlängenbereich für seine sieben Farben konnte er allerdings nicht angeben.

Die für das menschliche Auge wahrnehmbaren Farben – auch Lichtspektrum genannt – besitzen eine Wellenlänge von etwa 380 Nanometern (blauviolett) (1 Nanometer = 10 Millionstel Zentimeter) bis zu 780 Nanometern (Rot). Der Übergang von Blauviolett nach Blau, Grün, Orange bis zum langwelligen Rot ist kontinuierlich. Bei einem Regenbogen können Sie diese Farben durch Spiegelung und Brechung des Sonnenlichts in den Wassertropfen sehen. Sie können diese Farben aber auch recht einfach mittels einer CD, die Sie unter einer Lichtquelle hin und her bewegen, betrachten.

Weißes Licht als solches gibt es nicht. Es entsteht durch die Überlagerung der Wellenlängen aller sichtbaren Farben. Die Frequenzen, mit denen diese Wellen schwingen, liegen grob zwischen 400 und 800 Terahertz. Dies sind dann 400- bis 800-mal eine Milliarde Schwingungen in der Sekunde. Ist das nicht beeindruckend?

Die Intensität des Lichts erkennt man an der Helligkeit, die Wellenlängen geben die Farbeindrücke wieder.

Ein Photon derselben Farbe hat exakt dieselbe Energie wie ein anderes Photon dieser Farbe.

Der kurzwellige Bereich, also der Bereich unter 380 Nanometern, wird als ultraviolette Strahlung bezeichnet, wobei in UV-A, UV-B und UV-C unterschieden wird. Die UV-C-Strahlung wird von der Atmosphäre ausgefiltert, während von der UV-B-Strahlung ein Teil auf der Erde ankommt und so schon manchen Sonnenbrand verursacht hat. Die UV-A-Strahlung (315–380 Nanometer) ist der Bereich, der weitestgehend ungehindert die Erde erreicht. Sofern man sich dieser Strahlung zu sehr, also in höheren Dosen, aussetzt, muss man ebenfalls mit einem Sonnenbrand...bis hin zu Karzinomen der Haut (Melanomen etc.) und additiv einem schnelleren Altern der Haut rechnen.

Menschen können ultraviolette Strahlung nicht sehen, da diese durch die Linse im Auge herausgefiltert wird. Es gibt allerdings viele Insekten und auch einige Säuger, die ultraviolette Strahlung sehen können. Hierzu gehören beispielsweise Hummeln, Amseln, Hunde und Katzen.

Interessant ist, dass manche Reptilien den Reifegrad einer Frucht anhand der stärkeren Reflexion des UV-Lichts durch reife Früchte erkennen können.

Den langwelligeren Bereich über 800 Nanometer bezeichnet man als ‚Infrarotstrahlung'. Unsere Augen haben eine äußerst geringe Empfindlichkeit für dieses Spektrum. Die Photonen sind zu schwach, um die lichtempfindlichen Moleküle in der Netzhaut des Menschen zu erregen.

Es gibt nur ein Wirbeltier, das Infrarot sehen kann: Der Buntbarsch nutzt den infraroten Bereich zur Jagd in flachen Gewässern.

## 7.6 Zwei Väter der Quantenphysik und ihre Versuche mit Licht

Planck, Einstein, Bohr, Schrödinger und Heisenberg haben das Weltbild revolutioniert und die Festen der klassischen Physik nahezu zum Einsturz gebracht.

### 7.6.1 Der Urvater: Max Planck

**Max Planck: „Wenn Sie die Dinge ändern, wie Sie die Dinge betrachten, ändern sich die Dinge, die Sie betrachten."**[10]

Max Planck gilt als Begründer der Quantentheorie.

Er wurde 1858 in Kiel als Sohn des Juraprofessors Wilhelm von Planck geboren. 1867 übersiedelte die Familie nach München, wo Max am Maximiliansgymnasium eine klassische Schulausbildung erhielt. Nach seinem Abitur, das er mit 16 Jahren ablegte, war der passionierte Sänger, Cellist und Klavierspieler unentschlossen, ob er Physik, Altphilologie oder Musik studieren sollte. Letztlich nahm er aber an der Münchener Maximilians-Universität ein Studium der Physik auf. Bemerkenswert ist, dass sein späterer Professor Philipp von Jolly meinte, er solle sich das sehr gut überlegen: In diesem Fach gebe es nichts mehr zu entdecken.

Zwei Jahre später wechselte er an die Berliner Friedrich-Wilhelms-Universität, an der er sein Studium abschloss.

Er promovierte mit einer Dissertation zur mechanischen Wärmetheorie. Mit – aus heutiger Zeit kaum vorstellbaren – 22 Jahren habilitierte er sich und war anschließend einige Jahre als Privatdozent an der Münchener Universität tätig.

Nach einem vierjährigen Zwischenstopp an der Kieler Christian-Albrechts-Universität ging Planck nach Berlin, übernahm dort den Lehrstuhl für theoretische Physik und war ab 1913 Rektor der Universität. Er befasste sich intensiv mit der Erforschung der Wärmestrahlung sowie mit Körpern, die elektromagnetische Strahlung absorbieren und auch abstrahlen können.

Max Planck war in erster Ehe mit der Bankierstochter Marie Mertz verheiratet, die ihm vier Kinder schenkte. Traurige Schicksalsschläge verfolgten ihn sein ganzes Leben. Sowohl die vier Kinder als auch seine Frau verstarben vor ihm.

Mit der Entwicklung des Planckschen Strahlungsgesetzes legte Max Planck den Grundstein für die Quantenmechanik. Seine Leistung wurde 1918 mit dem Nobelpreis honoriert.

## 7.6.2 Das Plancksche Wirkungsquantum

Glühbirnen kann man leicht aus der Fassung bringen, aber Sie doch nicht! Die Berliner Glühlampenindustrie hatte maßgeblichen Anteil daran, dass Ende des 19. Jahrhunderts an diversen Einrichtungen Versuche zur Strahlungsleistung von Glühfäden durchgeführt wurden.

Es sollte untersucht werden, wie die Leistung des Lichts mit dessen Zusammensetzung und Temperatur zusammenhängt. Im Prinzip ging es darum, dass Glühbirnen möglichst viel Licht und wenig Wärme abstrahlen sollten, die Glühbirne sollte also einen maximalen Wirkungsgrad haben.

Diese Fragestellung veranlasste viele – auch bedeutende – Physiker wie zum Beispiel Wien, Kirchhoff, Kurlbaum und Boltzmann dazu, entsprechende Untersuchungen vorzunehmen. Die Experimente und theoretischen Betrachtungen führten dazu, dass wichtige Zusammenhänge erkannt wurden und mündeten in verschiedenen Strahlungsgesetzen. Eines davon stammte von Wilhelm Wien und erklärte den Verlauf der Strahlungsenergie bei kleinen Wellenlängen. Ein anderes stammte von Baron Rayleigh und James Jeans und beschrieb den Verlauf bei großen Wellenlängen.

Max Planck beschäftigte sich zu dieser Zeit mit der charakteristischen Strahlung von schwarzen Körpern. Solche Körper benutzt man für theoretische Betrachtungen. Es zeichnet diese aus, dass sie elektromagnetische Strahlung vollständig absorbieren und in allen Spektralbereichen und damit Wellenlängen mehr Strahlung abgeben als andere Körper. Die emittierte Wärmestrahlung ist materialunabhängig und ausschließlich von der Temperatur abhängig.

Im Rahmen seiner Arbeiten mit diesen Schwarzkörpern versuchte Max Planck nun, ein einheitliches Strahlungsgesetz für alle Wellenlängen aufzustellen.

Die Crux war allerdings, dass das Wiensche Strahlungsgesetz zu geringe Werte im langwelligen Bereich lieferte und das Rayleigh-Jeans-Gesetz bei kleineren Wellenlängen versagte. Es ergab durch die quadratisch anwachsende Energie bei kleineren Wellen teilweise eine unendliche Energie und damit für diesen Bereich keinen Sinn.

Planck hatte aufgrund der Kurvenverläufe von Wien und Baron Rayleigh bestimmte Vorstellungen, wie seine Kurve über den gesamten Strahlungsverlauf korrekt aussehen sollte, und ging die ganze Sache unter Verwendung der Entropie (thermodynamische Zustandsgröße) theoretisch-mathematisch an.

Er setzte zusätzliche Teile in die vorliegenden mathematischen Formeln ein, kam aber lange Zeit zu keinem befriedigenden Ergebnis. Schließlich traf er die völlig willkürliche Annahme, dass Energie sich nicht kontinuierlich ausbreite, sondern nur in kleinsten Portionen – eine Dosis nach der anderen, mit kleinen Pausen dazwischen. Versuchsweise interpretierte er den Exponentialfaktor des Wienschen Gesetzes sowie den aus der kinetischen Gastheorie bekannten Boltzmann-Faktor. Er ersetzte Delta E durch h × f, wobei h das sogenannte Plancksche Wirkungsquantum (auch Planck-Konstante) ist und f die Frequenz. Da h eine Konstante war, erhielt er mittels E = h × f somit für jede Frequenz eine diskrete Energiestufe.

Das war der Haupttreffer.

Es zeichnete ihn aus, dass er meinte, nur „eine glücklich interpolierende Formel" gefunden zu haben. Sprich, da war auch jede Menge Fortune dabei. Dies wird auch dadurch belegt, dass h zunächst nichts anderes bedeutete als Hilfe.

Bis 1919 konnte diese Gleichung nur experimentell geprüft werden. Die Ergebnisse waren aber frappierend gut, es gab nur kleine Messunsicherheiten.

Für h ermittelte Planck seinerzeit einen Wert von $6{,}55 \times 10^{-34}$ Joulesekunden. 1919 wurde h mit $6{,}62607004081 \times 10^{-34}$ Joulesekunden festgelegt.

Im internationalen Einheitensystem ist h heute mit $6{,}62607015 \times 10^{-34}$ Joulesekunden definiert.

Nimmt man etwa ein grünes Photon und teilt nach $E/f = h$ dessen Energie durch seine Frequenz, erhält man immer 6,626. Dies gilt auch für alle anderen Wellen und somit Farben des Lichts.

Die Frage nach der Lieferung von maximaler sichtbarer elektromagnetischer Strahlung und wenig Wärmestrahlung konnte nun einfach beantwortet werden: Man nimmt die gewünschte Frequenz und sucht sich die Kurve, die bei dieser Frequenz das Maximum an sichtbarem Licht abstrahlt.

Da h mit seinem Wert von $6{,}626 \times 10^{-34}$ Joulesekunden eine Konstante darstellte, war nun bewiesen, dass Energie nicht kontinuierlich, sondern in Sprüngen abgegeben wird. Die Energie eines Strahlers sollte in Portionen, sogenannten Quanten, abgestrahlt werden. Energiemengen waren jetzt immer ein Vielfaches des Planckschen Wirkungsquantums.

Zudem erhielt man durch $E = h \times f$ eine Verknüpfung von Energie und Frequenz.

Dies war wichtig, da die Energiemenge schon immer eine klassische Eigenschaft von Teilchen und die Frequenz eine Eigenschaft der Welle war.

Planck stellte mit dieser Formel also auch die Basis für den Welle-Teilchen-Dualismus her.

Am 14.12.1900 stellte Planck seine Formeln im Rahmen eines Vortrages mit dem Titel „Zur Theorie des Gesetzes zur Energieverteilung im Normalspektrum" bei der Physikalischen Gesellschaft Berlin vor.

**Dies war die Geburtsstunde der Quantenphysik.**

Man beachte: Keinem der anwesenden Wissenschaftler war die Tragweite dieser neuen Wissenschaft bewusst.

Eine gequantelte Aufnahme und Abstrahlung standen in krassem Widerspruch zur bisher gültigen Meinung, dass die Natur keine Sprünge mache. Planck selbst war sehr bestürzt über die Folgerungen, die seine Entdeckungen mit sich brachten. Er sträubte sich zunächst vehement dagegen, diese zu akzeptieren, und führte die Quantelung der Strahlungsenergie auf das Verhalten der Oszillatoren, also der schwingenden Systeme, in der Wand des Hohlraums zurück.

## 7.6.3  Die Naturkonstante

h stellt eine fundamentale Naturkonstante dar, die immer und überall gilt. Sie sagt aus, dass die ganze Welt gequantelt ist.

Dies gilt zum Beispiel für die Materie, das Licht und die Energie.

**Die lineare Welt gibt es nicht mehr.**

Ob wohl auch die Zeit in Portionen vergeht? Die Planck-Zeit ist im Moment das kleinste mögliche Zeitintervall im Rahmen der bekannten physikalischen Gesetze. Ob die Zeit unterhalb dieses Intervalls kontinuierlich oder diskret verläuft, ist völlig offen.

Zumindest in der Theorie der Schleifenquantengravitation fließt die Zeit nicht mehr kontinuierlich dahin, sondern vergeht diskret in kleinsten

Einheiten Planck für Planck. Die Zeit ist körnig. Hier ist auch der Raum quantisiert.

Durch das Plancksche Wirkungsquantum wurde vieles in der Natur verständlicher.

Lädt man beispielsweise die Batterie eines Handys auf, so erfolgt die Ladung nicht kontinuierlich, sondern eben Planck für Planck, also treppenförmig.

## 7.6.4  Albert Einstein

**„Seit die Mathematiker über die Relativitätstheorie hergefallen sind, verstehe ich sie selbst nicht mehr." [11]**

Der wohl genialste theoretische Physiker aller Zeiten wurde am 14.03.1879 in Ulm geboren. Aufgrund seiner ungewöhnlichen Kopfform dachten die Eltern zunächst, er könnte geistig behindert sein. Dies wurde zunächst durch sprachliche Probleme bestärkt. Er bekam daher zur Vorbereitung auf die Schule Privatunterricht. Auffallend war bereits zu dieser Zeit, dass ihn Musik glücklich machte. Seine Mutter war Pianistin und konnte ihm die Liebe zur Musik vermitteln. Bereits im Alter von fünf Jahren erhielt er Geigenstunden. Seine Geige hatte er später bei jeder Gelegenheit dabei. Oft sah man ihn mit dieser durch die Straßen gehen.

Mit sechs Jahren besuchte er in München – wohin seine Eltern aus geschäftlichen Gründen umgezogen waren – die Volksschule. Ab 1888 ging er auf das Münchener Luitpold-Gymnasium (seit 1965 Albert-Einstein-Gymnasium). Er war in den naturwissenschaftlichen Fächern ein recht guter Schüler. Bereits mit 15 Jahren waren Integral- und Differenzialrechnung ein Kinderspiel für ihn.

Allerdings mochte er die Art des Unterrichts nicht. Seiner Meinung nach wurde mit dieser Methode der Forscherdrang erdrosselt. Aber auch mit dem strikten Erziehungssystem und seinem Klassenlehrer kam er in keiner Weise klar. Nach sechs Jahren verließ er das Gymnasium ohne Abschluss.

Etwas später wollte er dann in Zürich ein Studium an der Polytechnischen Schule in Zürich beginnen, scheiterte aber aufgrund unzureichender Leistungen im Fach Französisch bereits bei der Aufnahmeprüfung.

Um sein Wissen aufzubessern, ging er darauf an die Kantonsschule Aarau und bestand dort sein Abitur mit Auszeichnung.

Nun konnte er ein Studium zum Fachlehrer für Mathematik und Physik an der Polytechnischen Schule aufnehmen. Anmerkung: Sein Professor gab ihm bereits anfangs zu bedenken, er solle doch lieber Medizin oder Jura studieren, für die Physik fehle ihm das notwendige Können.

Während der Zeit an der Universität ging er seinen Professoren nicht selten auf die Nerven: Er war mit deren Meinung, dass die Physik weitestgehend vollständig beschrieben und erforscht sei, in keinerlei Hinsicht einverstanden.

Der mittelmäßige Student beendete das Studium mit der Diplomprüfung.

Einstein erwarb 1901 die Schweizer Staatsbürgerschaft und konnte so einige Zeit als Lehrer in Winterthur und Schaffhausen tätig sein.

Nach einem Umzug nach Bern suchte er sich eine neue Arbeitsstelle und war am dortigen Patentamt technischer Experte dritter Klasse. Seine Tätigkeit bestand darin, von Erfindern eingereichte Widersprüche zu prüfen.

Parallel zu seinem Beruf stellte er seine Dissertation mit dem Titel „Eine Bestimmung der Molekülportionen" fertig, die er an der Universität Zürich einreichte.

Diese wurde 1905 akzeptiert und es wurde ihm die Doktorwürde verliehen. Vier Jahre später habilitierte er sich, beendete seinen Dienst beim Patentamt und nahm eine Tätigkeit als außerordentlicher Professor für theoretische Physik an der Universität Zürich auf.

Bereits 1905 veröffentlichte die Fachzeitschrift „Annalen der Physik" vier Artikel von Einstein, die wie eine Bombe einschlugen.

Einer der Artikel enthielt die These, dass elektromagnetische Strahlung portionsweise erfolge. Er erweiterte damit die Quantentheorie von Max Planck um die Hypothese, dass Licht aus Quanten bestehe.
Die Fachwelt war in Aufruhr, die klassische Physik wankte.

Viele Menschen meinen, dass Albert Einstein den Nobelpreis für die Relativitätstheorie erhalten habe. Aber seine Arbeiten „Zur Elektrodynamik bewegter Körper", welche die Prinzipien der speziellen Relativitätstheorie – ein Geniestreich par excellence – enthielt, und auch die Ausführungen in „Ist die Trägheit eines Körpers von seinem Energieinhalt abhängig?", worin die berühmte Formel $E = m \times c^2$ enthalten war, wurden vom Nobelkomitee nicht ausgezeichnet. Die Verleihung scheiterte wiederholt an einem Mitglied des Komitees, das Zweifel an Einsteins Arbeit hatte oder diese schlichtweg nicht verstand.

Den Nobelpreis für Physik bekam Einstein 1921 (vergeben am 09.11.1922) für die Entdeckung des photoelektrischen Effekts (Grundlage der Quantentheorie von Strahlung) und seine Verdienste um die theoretische Physik verliehen – übrigens in Abwesenheit, da er sich auf eine Vortragsreise nach Japan begeben hatte.

In den letzten 25 Lebensjahren beschäftigte er sich mit der Frage einer einheitlichen Feldtheorie. Sie sollte die Verbindung der Quantenphysik mit der klassischen Physik schaffen.

Nicht nur ihm nicht, sondern niemandem ist dies bis heute gelungen.

Einstein war äußerst humorvoll und kreativ.

Zur Relativitätstheorie sagte er: *„Wenn man zwei Stunden lang mit einem Mädchen zusammensitzt, meint man, es wäre eine Minute. Sitzt man jedoch eine Minute auf einem heißen Ofen, meint man, es wären zwei Stunden. Das ist Relativität.“*[12]

Einstein verstarb an den Folgen eines Aortarisses an inneren Blutungen.

1999 wurde er von der ‚Times‘ zum ‚Mann des 20. Jahrhunderts‘ gewählt.

## 7.6.5 Photoelektrischer Effekt

**Albert Einstein: „Holzhacken ist deshalb so beliebt, weil man bei dieser Tätigkeit den Erfolg sofort sieht.“** [13]

Einstein hat die Ergebnisse seines Freundes Planck schon frühzeitig anerkannt und nicht als Rechentrick abgetan. Mit seinen langwierigen Versuchen hat er im Rahmen des photoelektrischen Effekts die entdeckte Quantelung des Lichts auf die Ausbreitung des Lichts und die Wirkungen zwischen Licht und Materie ausgedehnt.

In der Wissenschaft war bekannt, dass sich aus Metallplatten Elektronen herauslösen können, wenn man diese mit Licht bestrahlt. Dabei verschwinden die Photonen von der Bildfläche, da sie von den Atomen absorbiert werden. Das Licht überträgt dabei Energie auf die einzelnen Atome, deren Elektronen es anregt. So können diese auf ein höheres

Energieniveau springen oder aus dem Atom gelöst werden. Es gibt für jedes Metall eine Grenzwellenlänge, bei der noch Elektronen herausgeschlagen werden.

Nun könnte man zu dem Schluss kommen, dass austretende Elektronen durch intensiveres Licht einen höheren Energiegehalt bekommen müssen.

Aber Pustekuchen!

Die Untersuchungen von Licht unterschiedlicher Intensität und Frequenz ergaben, dass eine höhere Intensität zwar mehr Elektronen je Zeiteinheit auslöst, die Energie der Einzelelektronen und des Lichts aber ausschließlich von der Frequenz abhingen. Diese Frequenz muss einen bestimmten Wert überschreiten. So schlägt zum Beispiel rotes Licht aufgrund seiner längeren Wellenlänge und damit niedrigeren Frequenz keine Elektronen heraus.

Der Energiebetrag, den Elektronen bekommen, ist bei konstanter Frequenz immer gleich. Die Energie ausgelöster Elektronen verhält sich also proportional zur Frequenz des auftreffenden Lichts.

Somit ist $E = h \times f$, wobei h das Plancksche Wirkungsquantum ist und f die Frequenz.

Der Zusammenhang von Energie und Frequenz war jetzt auch für den photoelektrischen Effekt bestätigt.

Hat Licht einen Wellencharakter?

Wenn ja, dann hätten die Elektronen trotz gleicher Frequenz bei unterschiedlicher Intensität mit abweichendem Energiegehalt herausgeschlagen werden müssen.

Nun hatten die einzelnen Elektronen aber immer eine ganz bestimmte Menge an Energie. Einstein folgerte daraus, dass keine Übertragung durch Wellen erfolgen kann, sondern dass Energie durch Teilchen portionsweise übertragen wird. Die Teilchen wurden 1926 ‚Photonen‘ (abgeleitet vom griechischen Wort ‚phos‘ = ‚Licht‘) genannt. Es erfolgt also keine kontinuierliche Energieübertragung, sondern es werden kleinste Energiepakete oder Energieportionen Häppchen für Häppchen weitergegeben. **Das Licht „war"** (siehe die Anmerkungen am Ende des Unterkapitels) **also gequantelt.**

Dies bedeutet: Das Elektron kann entweder das Lichtquant absorbieren und die gesamte Energie aufnehmen oder keinen Lichtquant aufnehmen. Sofern das Photon absorbiert wird, existiert es nicht mehr.

Um Elektronen aus der Metallplatte herauszuschlagen, ist eine gewisse Energie erforderlich. Die Energie muss größer sein als die sogenannte Austrittsarbeit. Das ist eben die Energie, die das Elektron für den Austritt benötigt.

Somit gibt es auch eine Mindest- oder Grenzfrequenz.

Die Bewegungsenergie eines ausgelösten Elektrons entspricht somit der Energie des Photons abzüglich der Austrittsarbeit ($W_0$).

$$E_{kin} = h \times f - W_0$$

Die Austrittsarbeit wird in Elektronenvolt gemessen und ist je nach Material unterschiedlich (z. B.: Eisen 4,6 eV, Platin 5,4 eV).

Einsteins Arbeit zeichnet den historischen Zusammenhang nach, welcher sich auf die Einführung des Begriffs ‚Photon‘ bezieht. Seine Untersuchungen sind sehr bedeutsam, aber nicht mehr aktuell. Heute kann man den Effekt mit der Entnahme von diskreten Energieportionen aus dem kontinuierlichen Feld – also ohne Photonen – erklären.

### 7.6.6 Compton-Effekt

Bis zur Entdeckung des Compton-Effekts im Jahr 1922 war der photo-elektrische Effekt der einzige Nachweis für den Welle-Teilchen-Dualismus des Lichts. Arthur Compton (*1892; †1962) führte Versuche mit Röntgenstrahlung durch, die auf Grafit trifft. Grafit besitzt eine äußerst geringe Austrittsarbeit, Elektronen sind also nur lose gebunden. Man kann sie auch als frei beschreiben. Compton ließ nun Photonen auf diese ‚elastischen‘ Elektronen prallen. Das Elektron bekommt auf diese Weise – wie beim Zusammenstoß zweier Billardkugeln – einen Impuls und somit auch einen Teil der Energie übertragen. Man könnte meinen, dass das Photon damit deutlich langsamer wird. Es fliegt aber hastig mit 300.000 Kilometern in der Sekunde weiter.

Die Energieübertragung erzeugt jedoch eine Impulsverkleinerung. Bei der Streuung werden die Frequenz kleiner und die Wellenlänge größer. Von der Richtungsänderung des Photons hängt es ab, um wie viel dessen Impuls und Energie abnehmen, also die Wellenlänge zunimmt.

Interpretationen mit dem Ansatz eines Stoßes zwischen Photon und Elektron kann man nur dann exakt erklären, wenn man der Strahlung einen Teilchencharakter zuspricht.

Nach der klassischen Physik hätten die Elektronen nicht angestoßen werden dürfen, sondern hätten durch die Lichtwellen in Schwingung versetzt werden müssen.

Compton konnte durch Messung dieser Vorgänge zeigen, dass sich die Wellenlänge von gestreuter Strahlung je nach Streuwinkel so verhält, als wären Photon und Elektron elastisch zusammengestoßen.

Anmerkung: Auch der Compton -Effekt kann heute ohne Photonen beschrieben werden.

## 7.7 Schlusslicht

Wir haben gesehen, dass Licht sowohl als Welle wie auch als Teilchen in Erscheinung treten kann. Auch wenn man die Photonen mit einem Fotomultiplier zählen kann, sind diese keine Teilchen, die auf Bahnen fliegen. Es sind aber auch keine Wellen mit immerwährender Energieverteilung, sondern sie sind etwas ganz anderes. Es sind Quantenobjekte, die sich einmal als Welle, ein anderes Mal als Teilchen zeigen. Sie verknüpfen Eigenschaften von Wellen und von Teilchen, ohne dass sie das eine oder das andere sind.

Man nennt dies den Welle-Teilchen-Dualismus. Dieser gilt nicht nur für Lichtquanten, sondern im Grunde für jegliche Art von Materie.

Also auch für Sie.

Das Photon ist ein elementares Teilchen, das keine Masse besitzt, und kann daher nicht als Materie betrachtet werden. Dies gilt aber nur dann, wenn es sich nicht bewegt. Da es jedoch nur eines kann, nämlich mit Lichtgeschwindigkeit in der Gegend herumfliegen, hat es eine dynamische Masse, die sich aus der Masse-Energie-Äquivalenz ergibt.

Licht benötigt im Gegensatz zu anderen Wellen kein Medium (früher war hierfür der Äther im Gespräch), wie etwa Wasser oder Schallwellen.

Alle elektromagnetischen Wellen wie Funksignale oder Radio breiten sich mit Lichtgeschwindigkeit aus. Dies gilt auch für das Photon.

Es rasen zahllose elektromagnetische Wellen kreuz und quer durch das Universum. Nahezu alle durchdringen sich und folgen ihrer Route, ohne sich zu beeinträchtigen.

Sie verhalten sich, als wären sie weit und breit allein auf der Flur.

Okay, das Licht war jetzt etwas harter Tobak. Daher bekommen Sie jetzt auch – bevor wir im nächsten Kapitel zu einem absoluten Hammer kommen –, etwas Entspannung und Erholung.

Seit dem 20.11.2017 kann man einzelne Photonen im Flug betrachten.

Forschern um Yinyang Liang von der University of St. Louis gelang das fast Unmögliche: Um ein Photon, das ja mit Lichtgeschwindigkeit unterwegs ist, auf einen Film zu bekommen, entwickelten sie eine Kamera (loss-less-encoding CUP-Kamera), die Belichtungszeiten im Picosekundenbereich besitzt und etwa 100 Milliarden Bilder je Sekunde macht.

Gehen Sie doch mal ins Netz („Kann man Photonen im Flug filmen", s. Quellenverzeichnis unter Videos) und sehen Sie sich diese spektakulären Bilder an.

Sie sollten sich das nicht entgehen lassen.

**Photonenquiz:**

Sie sind die Herrin, der Herr des Lichts. Mit einem Schalter können Sie die Sonne ausschalten und dies ohne jegliche Verzögerung. Es ist ein herrlicher Tag, zwölf Uhr mittags, und Sie legen den Schalter um. Die Sonne geht aus. Ist es bei Ihnen nun hell oder dunkel?

*Sie haben die Hilfestellung (ohne Verzögerung) bemerkt? Es herrscht noch etwa acht Minuten strahlender Sonnenschein, denn das ist die Zeit, die das Licht der Sonne benötigt, um die rund 150 Millionen Kilometer zur Erde zurückzulegen. Es kommt also noch dasjenige Licht an, das die Sonne vor dem Ausschalten ausgesandt hat.*

*Wenn Sie das Gleiche mit dem Vollmond machen würden, welcher der Erde ja wesentlich näher ist, wäre es lediglich noch eine Sekunde lang „hell".*

*Von der Andromedagalaxie benötigt das Licht ca. 2,7 Millionen Jahre zur Erde. Dadurch ist es hier sogar möglich, dass man Licht von Sternen sieht, die es schon längst nicht mehr gibt. Denn das bei uns ankommende Licht erzählt uns die Geschichte des Sterns zum jeweiligen Zeitpunkt der Entstehung seines Lichts.*

Sie machen – am besten abends – Ihre Wohnzimmerlampe an und es wird Licht. Nun machen Sie diese wieder aus. Wo ist jetzt das Licht?

*Auch wenn das Licht teilweise reflektiert wird, wird es letztendlich von Atomen in Ihrem Wohnzimmer absorbiert. Das Licht wird von den Elektronen aufgenommen, die dadurch auf eine energiereichere Schale springen. Diesen angeregten Zustand können sie aber nur für äußerst kurze Zeit halten. Um letztlich wieder in den Normalzustand zurückzukehren, geben sie Wärmestrahlung ab.*

Die Geschwindigkeit des Lichts beträgt im Vakuum 299.792.458 Meter in der Sekunde. Berechnen Sie doch einmal, wie viele Kilometer das Licht in einem Jahr zurücklegt.

*Ja, ja, ich weiß, dass dies für Sie pillepalle ist. Sie bekommen den Wert daher von mir geliefert: 9.460.730.472.581 Kilometer.*

*Wie weit es nun aber zur Andromedagalaxie ist, das müssen Sie schon selbst errechnen.*

*Um sich überhaupt eine Vorstellung von der Geschwindigkeit des Lichts machen zu können, hilft folgender Vergleich: Ein Photon würde in einer Sekunde siebenmal um den Äquator unseres Heimatplaneten rasen.*

Warum ist der Himmel blau?

*Ursächlich ist die Streuung des Lichts an den Luftmolekülen in der Atmosphäre. Das kurzwellige Blau wird stärker verteilt als das rote Licht.*

Was schätzen Sie, wie viele Photonen eine Glühbirne von hundert Watt in der Sekunde aussendet?

Das sind etwa $10^{19}$ Photonen.

Wie viele Photonen kommen von der Sonne jede Sekunde und pro Quadratmeter auf der Erde an?

*Dies sind ca. 4 × 10²¹ Photonen.*

Wie lange benötigt ein Photon, um vom Kern der Sonne an die Oberfläche zu gelangen?

*Die Schätzungen bewegen sich zwischen 10.000 und 170.000 Jahren. Im Übrigen kommt natürlich nicht das ursprüngliche Photon an, denn dieses wurde milliardenfach vernichtet und es entstand ein neues.*

Um wie viel Kilogramm wird die Sonne durch die abgegebene Strahlung jede Sekunde leichter?

*Dies sind ca. 4.000.000.000 kg.*

Was passiert durch den Masseverlust der Sonne?

*Durch die nachlassende Gravitation entfernt sich die Erde je Jahr um 1,2 Zentimeter von der Sonne.*

# 8  Der doppelte Spalt

Niels Bohr: „Wer über die Quantentheorie nicht entsetzt ist, der hat sie nicht verstanden." [14]

Bernhard Komma: „Obwohl ich nur ein Quäntchen der Theorie verstanden habe: Die spinnen, die Quanten."

Zur mentalen Vorbereitung eine nette Begebenheit:

Im Jahre 1906 wurde dem Physiker J. J. Thomson der Nobelpreis im Bereich Physik für die Entdeckung des Elementarteilchens Elektron verliehen.

Im Jahr 1937 erhielt sein Sohn George Paget Thomson diesen Preis für den Nachweis des Wellencharakters von Elektronen.

Das Doppelspaltexperiment ist wohl einer der schönsten und berühmtesten Laborversuche in der Geschichte der Physik. In der Optik gilt dieser Versuch als bedeutendster Beleg für die Welleneigenschaft des Lichts. Das Experiment enthüllt ganz neue Gesetzmäßigkeiten, die uns äußerst seltsam erscheinen, und hat uns dadurch der Wahrheit der Natur ein großes Stück nähergebracht.

Erstmals durchgeführt wurde es von dem Augenarzt und Naturphilosophen Thomas Young im Jahr 1802. Er ließ Licht (am besten geeignet ist im Übrigen Licht mit gleicher Wellenlänge und zusätzlich einer festen Phasenverschiebung) auf eine Platte mit zwei schmalen Schlitzen strahlen. Das Licht, das die Spalte passieren konnte, fing er auf einer Projektionswand auf und erhielt – wie Sie noch sehen werden – höchst überraschende Resultate.

Er stellte diese 1803 den Mitgliedern der Royal Society in London vor und widerlegte damit die Newtonsche Korpuskeltheorie des Lichts, zumindest für die nächsten 100 Jahre.

Das Experiment wurde in den letzten 200 Jahren unzählige Male wiederholt und führte immer zum gleichen Ergebnis.

Während Young das Experiment mit Licht durchführte, gab es inzwischen auch Versuche mit Elektronen, Atomen und selbst mit Fullerenen (Moleküle von Kohlenstoffatomen, die einem Fußball ähneln).

Besonders bedeutend waren die ersten Versuche mit Elektronen, die 1959 der Tübinger Doktorand Claus Jönsson durchführte. Dieses Experiment wurde bei einer Umfrage der englischen Physikalischen Gesellschaft zum schönsten Experiment aller Zeiten gewählt.

## 8.1  Die Versuchsreihe

Lassen Sie uns zunächst gemeinsam auf einen Schießstand gehen.

Wir nehmen dazu ein Luftgewehr mit herkömmlicher Munition mit. Des Weiteren haben wir ein Miniluftgewehr dabei, mit dem wir ein paar Elektronen verschießen wollen. Als Ziel dient eine 10er-Scheibe, bei der die Ringe der 2, 4, 6, 8 und 10 schwarz sind.

Wir beginnen mit dem herkömmlichen Gewehr und erzielen Ergebnisse zwischen ‚die Scheibe nicht getroffen' (das war ich) und mehreren guten Resultaten zwischen 1 und 10.

Nun packen wir das kleine Luftgewehr aus, nehmen 100 Elektronen als Munition und schießen diese auf die Scheibe.

Es ergeben sich folgende Ergebnisse:

- Ein paar Elektronen haben heute absolut keinen Bock auf Schieß-übungen. Sie wollen sich *nicht auf der Scheibe zeigen* und *entscheiden sich,* kurz vor dieser abzudrehen und an ihr vorbeizufliegen.
- Einige Teilchen haben nicht bemerkt, dass wir eine Zielscheibe aufge-stellt haben und *messen* wollen, wo sie aufschlagen. Jedes von ihnen saust *wellenartig* gleichzeitig links und rechts an der Scheibe vorbei.
- Drei Elektronen scheinen nicht aus dem Lauf zu kommen, sondern von *überall und nirgendwo.* Sie schlagen alle auf der 4 auf.
- Ein Spaßvogel fliegt in die 10 des benachbarten Schießstandes.
- Der Rest der Teilchen trifft die Scheibe, aber immer *nur in den schwar-zen Feldern.*

Sie denken jetzt sicher, dass dies alles Nonsens ist und ich maßlos über-treibe. Nun, sagen wir einmal so, etwas überzogen habe ich schon. Dies geschah aber in bester Absicht, denn ich wollte Sie darauf vorbereiten, was Sie erwartet. Selbst Quantenphysiker weisen darauf hin, dass es manchmal besser sei, seinen gesunden Menschenverstand vor der Labor-türe abzugeben. Aber sehen Sie selbst.

Nehmen Sie sich für die Versuche bitte etwas Zeit. Aufbau und Ab-lauf sind sehr gut verständlich. Dies gilt für die Ergebnisse allerdings nicht, denn diese enthalten einige der großen Rätsel der Quantenmechanik.

Um mit seinen Elektronen experimentieren zu können, musste Jönsson zunächst einige technische Voraussetzungen schaffen, damit der Versuch gelingen konnte:

- Aufgrund der kurzen Wellenlänge der Wellen (!) benötigt man bei diesem Versuch eine äußerst schmale Spaltbreite. Er entwickelte daher für dieses Experiment eine Metallfolie mit Spaltbreiten von 0,5 Mikro-meter (1 Mikrometer = $10^{-6}$ Meter).

> Um störende Coulombkräfte weitestgehend zu minimieren, bekamen die Elektronen eine hohe Energie.

> Er fand eine Möglichkeit, das kaum sichtbare Muster der Elektroneneinschläge zu vergrößern.

> Die Teilchen waren auf ihrem Weg von der Kanone zum Schirm sorgfältig von der Umwelt abzuschotten.

Wir haben diese Basics übernommen und tauschen lediglich das Luftgewehr gegen eine Elektronenkanone aus. Die Aufgabe der Schießscheibe übernimmt ein Detektor in Form einer Fotoplatte – und los geht's.

a. Wir schicken eine große Zahl (> 3.000) von Elektronen in sehr kurzen zeitlichen Abständen auf den Detektor. Auf diesem ergibt sich ein dunkler Fleck im Durchmesser des Strahls. Keine besonderen Vorkommnisse, alles ist soweit noch in Ordnung.

b. Nun bringen wir zwischen Kanone und Detektor ein Hindernis (Blende) in Form der Metallfolie an, die einen sehr kleinen Spalt besitzt, den die Elektronen passieren können, und feuern die Teilchen ab.

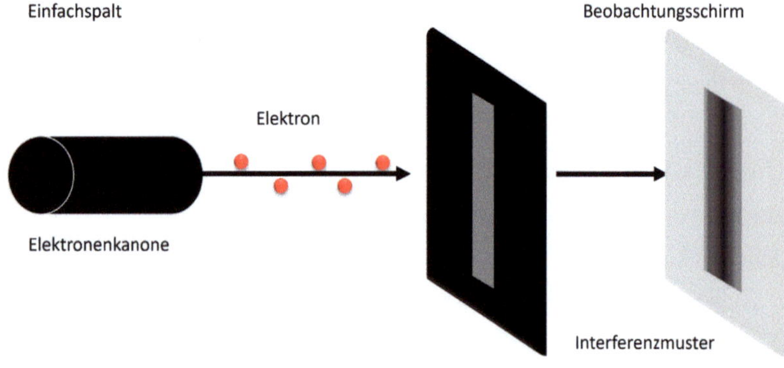


Abbildung 7: Einzelspalt

Man würde logischerweise vermuten, dass wir eine dunkle Fläche entsprechend der Größe des Spalts, ein dunkles Band, erhalten. Tatsächlich ergibt sich aber ein zu beiden Seiten hin verwaschener Balken, der nach außen hin Bereiche mit weniger Aufschlägen und ohne Aufschläge aufweist.

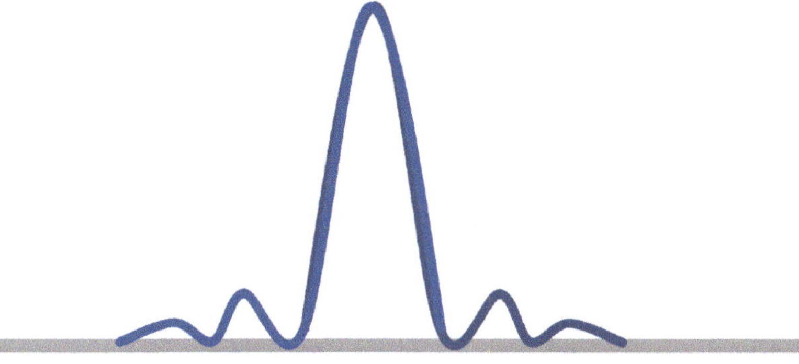

Abbildung 8: Verteilung am Einzelspalt

c. Wir nehmen eine Barriere mit zwei Schlitzen, die einerseits sehr schmal sind und andererseits äußerst nahe beieinander liegen. Wir erwarten, dass der verwaschene Balken sich nun zweimal auf dem Beobachtungsschirm befindet und zwischen den Spalten nur wenige Elektronen auftreffen. Ja, erwarten können wir viel! Aber wir erhalten das folgende Streifenmuster, das zwischen den Spalten einen Bereich mit sehr vielen Aufschlägen, ein Maximum, zeigt.

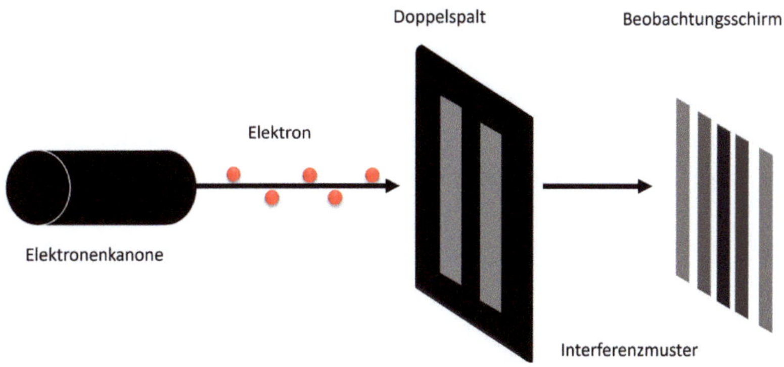


Abbildung 9: Doppelspalt

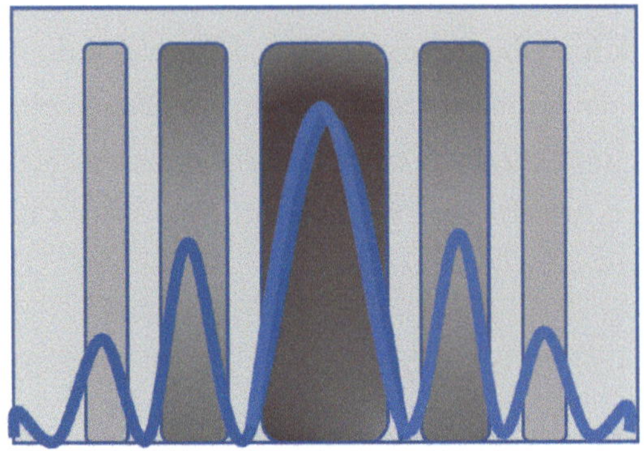

Abbildung 10: Verteilung am Doppelspalt

d. Wir verwenden wieder die Barriere mit zwei Spalten und verschließen vor dem Feuern abwechselnd einmal den linken, einmal den rechten Schlitz. Überraschung: Die Verteilung am Schirm ändert sich wieder. Es zeigt sich erneut das Muster, das wir aus b. kennen: Ein Maximum hinter dem einen Spalt und, da wir zwei Öffnungen hatten, ein Maximum hinter dem zweiten Spalt. Geben wir nochmals beide Spalte gleichzeitig frei, erhalten wir abermals das Streifenmuster von c.

e. In diesem Versuch lassen wir wieder beide Spalte offen und postieren an diesen jeweils einen Detektor. Dieser zeigt uns an, durch welche der Öffnungen die Elektronen fliegen.
Man nennt dies eine ‚Welcher-Weg-Information‘. Das Ergebnis müsste jetzt wieder das Streifenmuster aufweisen.

Tja, und nun der Hammer: Wir erhalten wieder die verwaschenen Balken. Wie kann denn das sein? Nur weil wir eine Messung an den Spalten vornehmen, haben wir kein Streifenmuster mehr? Die Elektronen wissen, dass wir sie messen?

f.  Schließlich versuchen wir, die Elektronen auszutricksen. Wir postieren nur an einem der offenen Schlitze einen Detektor. So wissen wir dennoch, ob das Teilchen durch Schlitz 1 oder 2 geflogen ist. Wenn wir es nämlich nicht am Detektor messen, wissen wir ja, dass es durch den anderen Schlitz geflogen sein muss. Aber so schlau wie wir sind die Elektronen allemal und wir erhalten wieder die verwaschenen Balken. Sie checken die List sofort und wissen ganz genau, dass wir ein Messergebnis erhalten.

Wenn wir die Elektronen also messen beziehungsweise beobachten, erhalten wir die verwaschenen Bänder; wenn wir sie nicht beobachten, ergeben sich die Streifenmuster. Strange!
Die Detektoren an den Spalten fragen das Elektron wohl, wo es ist, und zwingen es damit, sich als Teilchen zu zeigen und ohne wellenartige Interferenz zu unserem Bildschirm zu rasen. Das Verhalten der Elektronen ist absolut mysteriös, unglaublich und schwer zu verstehen.

g.  Als Nächstes wollen wir noch Folgendes versuchen: Wir verschließen einen Spalt, nachdem (!) das Elektron das Hindernis überwunden hat, aber noch nicht am Bildschirm angekommen ist. Man nennt dies die verzögerte Wahl (Delayed Choice). Und nicht zu glauben: Es ergibt sich wieder kein Streifenmuster! Man könnte meinen, die Elektronen hätten schon im Voraus genau gewusst, dass wir sie austricksen wollen. Obwohl sie die Barriere schon passiert haben, bevor der Spalt geschlossen wurde, erhalten wir wieder den verwaschenen Balken. What's that?

h. Noch eine Variante: Wir messen lediglich einen Teil der Elektronen hinter dem Spalt. Und siehe da, die nicht-gemessenen Teilchen bilden wieder ein Streifenmuster ab. Diejenigen, welche wir messen, nicht.

i. Wir wollen nun wissen, welches Schema am Schirm wohl entsteht, wenn wir statt eines Elektronenstrahls einzelne Elektronen – ohne Messung – in zeitlich großem Abstand auf den Doppelspalt abfeuern, sodass sich immer nur ein Elektron zwischen Kanone und Fotoplatte befindet. Damit vermeiden wir, dass es, ähnlich wie bei Wassermolekülen, eine Wechselwirkung der Teilchen untereinander geben kann oder sich die Teilchen „absprechen" können.

Tja, und da haut es den stärksten Eskimo vom Schlitten: Jedes ein-

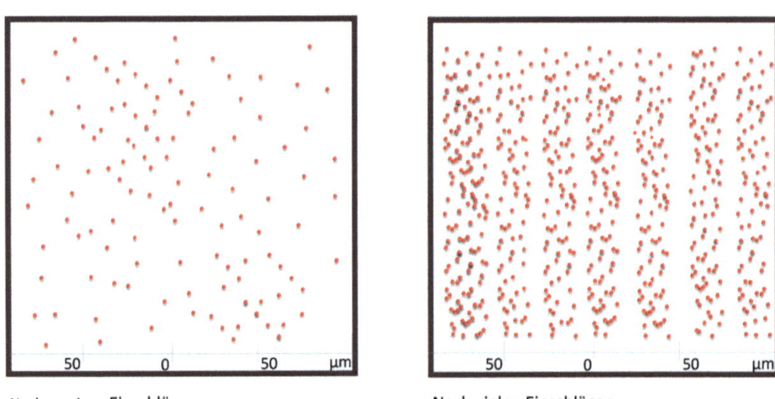



Abbildung 11: Verteilung nach wenigen und vielen Einschlägen

zelne Elektron geht durch beide Spalte hindurch. Anfangs sieht es so aus, als ob die Elektronen absolut zufällig und regellos auf die Fotoplatte treffen. Aber nach einiger Zeit und vielen Einschlägen entsteht exakt wieder das Streifenmuster.

Dies würde im Klartext bedeuten, dass das einzelne, unteilbare Quant, das Elektron, beide Schlitze gleichzeitig durchwandert, sich danach wie eine Welle verhält und sich mit sich selbst überlagert. Auf dem Beobachtungsschirm kommt das Elektron wieder als individuelles Teilchen an.

Es scheint so, denn an den Spalten müssen sich Kreiswellen bilden, um durch Überlagerung ein Interferenzmuster auf dem Bildschirm entstehen zu lassen.

Dieses Muster entsteht dadurch, dass sich die Wellen je nach Gangunterschied konstruktiv oder destruktiv überlagern. Dies bedeutet, sie verstärken sich oder löschen sich aus. Die Maxima am Detektor entstehen durch konstruktive Interferenz. Die Wellen besitzen in diesem Fall – bei gleicher Wellenlänge und Amplitude – einen Gangunterschied, der dem Vielfachen der Wellenlänge entspricht. Die hellen Bänder entstehen

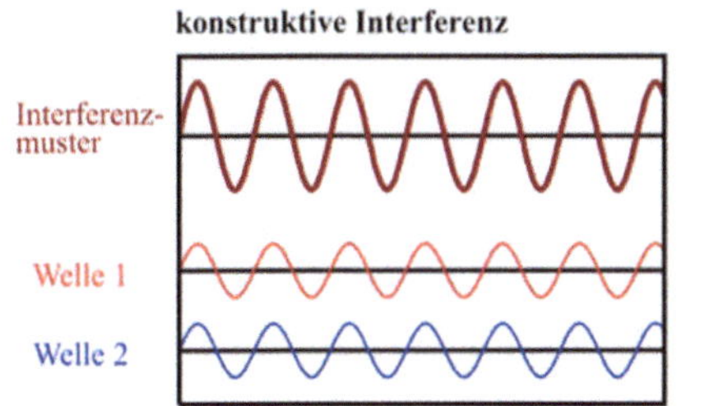

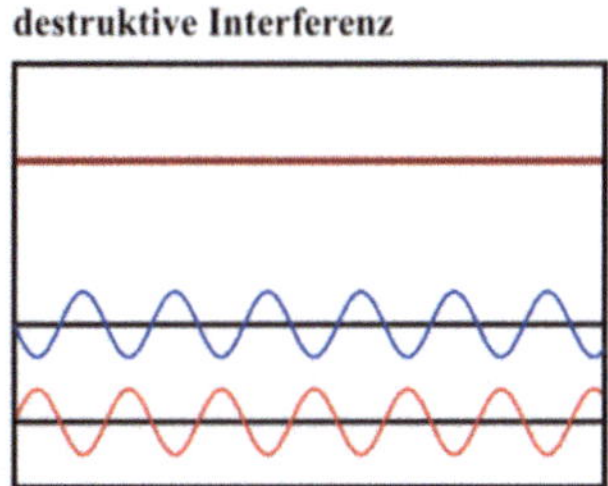


*Abbildung 12: Konstruktive und destruktive Interferenz*
*(siehe Quellenverzeichnis)*

durch destruktive Interferenz. Der Gangunterschied ist verschoben und beträgt eine halbe Wellenlänge. An anderen Stellen haben wir eine teilweise Verstärkung oder Auslöschung. Man sieht keine scharfen Linien, sondern einen Übergang von Dunkel nach Hell.

## 8.2  Schlussfolgerungen

Es sieht tatsächlich so aus, als kämen aus der Kanone Teilchen geflogen und hinter dem Doppelspalt kämen Kreiswellen an. **Die Quantenobjekte können verschiedene Zustände annehmen, in denen sie gleichzeitig existieren.** In der Quantenphysik nennt man dies ‚Superposition'. Diese wird erst dann aufgelöst, wenn man eine Ortsmessung durchführt oder wenn das Elektron auf den Schirm prallt. Eine gleichzeitige Bestimmung von Wellen- und Teilchencharakter ist nicht möglich. Je nach Anordnung des Versuches zeigt sich eine der beiden Eigenschaften. Niels Bohr: „Die Begriffe Teilchen und Welle ergänzen sich, indem sie sich widersprechen; sie sind komplementäre Bilder des Geschehens." Wir müssen uns also von der Sichtweise, dass ein Teilchen zu einer bestimmten Zeit an einem bestimmten Ort sei, verabschieden. Es ist zwar gewöhnungsbedürftig, aber **die Teilchen haben tatsächlich keine eindeutigen, festgelegten Eigenschaften. Das Elektron hat Wellen- und Teilcheneigenschaften gleichzeitig.** Interferenz, Frequenz, ... deuten auf eine Welle hin, durch Reflexion und Stoß wirken sie wie kleine Körper **und es ist der Versuchsaufbau, der sie zwingt, als Teilchen oder als Welle in Erscheinung zu treten.**

Es gibt wohl eine duale Welt. Nichts ist nur ein Teilchen oder nur eine Welle, alles sind Quantenobjekte.

Auf der Strecke von der Kanone zum Schirm existiert lediglich ein quantenphysikalischer, noch nicht festgelegter Zustand in Form einer Überlagerung von Möglichkeiten. Dies ändert sich erst bei der Messung oder Beobachtung oder gleichbedeutend bei einer Wechselwirkung. Die Funktion bricht zusammen. Aus der Zustandsfunktion wird eine der beiden Möglichkeiten realisiert.

Die Elektronen existieren im Grunde nicht wirklich, sondern werden erst dann real, wenn man sie misst.

## 8.3  Wahrscheinlichkeitswelle/Wellenfunktion

Mathematisch gesehen kommt aus der Kanone eine Beschreibung für eine Wellenfunktion ($\Psi$), im Grunde eine Wahrscheinlichkeitswelle. Diese Funktion ist im Gegensatz zur klassischen Physik rein statistischer Natur. Die Wellenfunktion sagt aus, dass wir ein Teilchen an einem bestimmten Ort mit einer gewissen Wahrscheinlichkeit finden können. Die klassische Gewissheit wird sozusagen durch die statistische Wahrscheinlichkeit ersetzt. Die Funktion besitzt eine starke Ausdehnung. Es ist zwar nicht sehr wahrscheinlich, aber prinzipiell könnte das Elektron auch 1000 Kilometer entfernt sein. Im Prinzip ist die Wellenfunktion über die ganze Welt verschmiert.

In der Quantenphysik fliegt also kein Teilchen auf den Spalt zu, sondern eine Wolke aus Wahrscheinlichkeiten, letztlich eine Information über das Elektron. Die Funktion verhält sich analog einer Welle, wenn sie auf die Spalte auftrifft. Durch Beugung gehen dann zwei Teilwellenfunktionen aus den Öffnungen hervor.

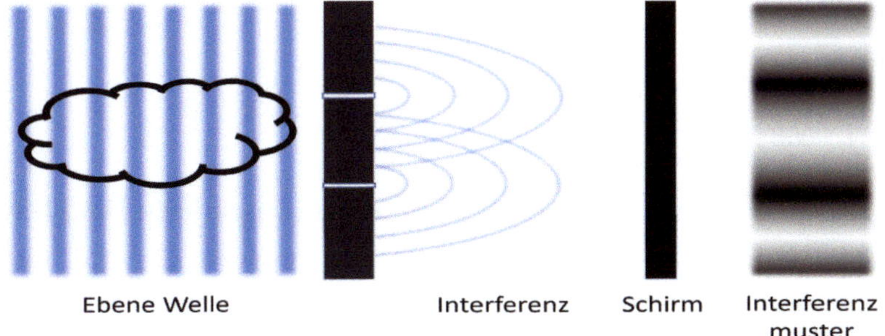


Abbildung 13: Interferierende Wahrscheinlichkeitswelle

Zwischen Spalt und Schirm finden wir das Elektron mit hoher Wahrscheinlichkeit dort, wo eine konstruktive Interferenz stattfindet. In

Bereichen mit destruktiver Interferenz existiert lediglich eine minimale Chance, das Teilchen anzutreffen.

Das Verhalten eines einzelnen Elektrons kann man nicht exakt vorhersagen. Es lassen sich aber durch die Überlagerung der Wellenfunktion Wahrscheinlichkeitsaussagen treffen, zum Beispiel über den Aufschlagort auf dem Schirm. **Ein einzelnes Elektron macht im statistischen Mittel das, was die Wahrscheinlichkeitswelle von ihm verlangt.**

Wenn wir eine Menge Elektronen abschießen, werden die Orte im Mittel der Wahrscheinlichkeitsfunktion entsprechen. Dies ist das maximale Wissen, das wir in einer quantentheoretischen beschriebenen Situation haben können. Eine genaue Vorhersage ist also prinzipiell nicht möglich. Der Zufall, die Wahrscheinlichkeit ist das ausschlaggebende Element. Auch über den Ausgang eines Skatspiels kann man keine exakte Voraussage treffen. In beiden Fällen ist also die Zukunft völlig offen. Im Gegensatz zum Skatspiel kann man bei der Messung des Teilchens aber auch rückblickend keine Begründung dafür geben, warum sich ein bestimmtes Ergebnis ergeben hat. Die Vergangenheit ist offen.

## 8.4  Messung

Anselm Grün: „Werner Heisenberg hat das so ausgedrückt: **Das Elektron existiert als wirkliches Ding nur, wenn es gemessen wird. Ansonsten ist es nur eine Möglichkeit, ein Ding zu werden.**" [15]

**Vor der Messung existiert kein Teilchen, das einen bestimmten Weg von der Kanone bis zum Schirm nimmt. Es befindet sich auch nicht an einem bestimmten Ort, es ist überall und doch nirgends.**

Sofern aber eine Messung vorgenommen wird, kollabiert die räumlich ausgedehnte Wellenfunktion eines physischen Teilchens instantan (augenblicklich). Die unendlich vielen bis zu diesem Moment vorhandenen Wahrscheinlichkeiten mit Summe 1 werden nicht mehr benötigt, und somit bricht auch die Wahrscheinlichkeitswelle zusammen. Im selben Augenblick, in dem die Welle also am Spalt gemessen wird oder mit der Fotoplatte wechselwirkt, muss sich das Teilchen zeigen. Die Natur ist nun gezwungen, sich zu offenbaren. Und wirklich erst dann erhalten wir einen Zustand unseres Quantenteilchens mit eindeutig festgelegten Eigenschaften: Aus Wahrscheinlichkeit wird Gewissheit.

Nehmen wir an, die Kuh Elsa sei ein Quantenobjekt. Solange Sie diese nicht beobachten, macht sie alles gleichzeitig: Sie liegt auf dem Boden, trabt über die Weide, frisst Gras, labt sich an der Tränke, vergnügt sich mit dem Bullen oder kümmert sich um ihr Kalb. All diese Möglichkeiten sind parallel existent, und erst wenn Sie hinsehen, materialisiert sich unser weibliches Rind und wir sehen, was es gerade macht.

Der bekannte Physiker John Wheeler meinte, dass ein Quantenphänomen erst dann Wirklichkeit sei, wenn man es registriert habe. Die Messung ist also stark verbunden mit der Erschaffung von Wirklichkeit, denn die Dinge entstehen erst mit dem Schritt der Messung. Der Ort wird dabei nicht wie in der klassischen Physik festgestellt, sondern erzeugt.

Zuvor befindet sich ein Quantenobjekt in einem bestimmten Moment nicht an einem konkreten Ort. Das Charakteristikum ‚Ort‘ kann also dem Objekt nicht zugeschrieben werden. Es ist an allen Orten und an keinem. Es gibt lediglich eine Tendenz, wo es ein könnte. Das Universum behält sich dabei einfach gewisse Optionen vor.

Im Voraus weiß man auch nicht, wo sich das Elektron realisiert. Es kann überall dort erscheinen, wo die Aufschlagwahrscheinlichkeit größer null ist. Demnach gibt es zulässige und nicht-zulässige Bereiche, und die einzelnen Elektronen wissen dabei ganz genau, wo sie einschlagen dürfen und wo nicht. Nur so kann sich immer wieder das gleiche Muster auf dem Schirm zeigen. Die Entscheidung, wo es auftrifft, fällt das einzelne Elektron erst kurz vor dem Aufprall. Es weiß genau, dass es nicht auf die hellen Streifen treffen darf, und im Kollektiv handelt es so, dass die beobachtete statistische Verteilung zustande kommt. Die Auftreffpunkte der Teilchen sind dann exakte, lokale, punktförmige Ereignisse.

Der Wahnsinn in großen Tüten.

Es gibt absolut keine Möglichkeit, die Bahn der Teilchen zu verfolgen. Mit Kanonenkugeln könnte man dies jederzeit machen. Man könnte sogar – basierend auf der klassischen Physik – den Auftreffpunkt der Kugel exakt ermitteln, sofern alle Randbedingungen bekannt sind. Welleneigenschaften von großen Gegenständen wären dabei aufgrund ihrer extrem kleinen Wellenlängen zu vernachlässigen.

Physikalisch ist es auch sinnlos, von einem Weg des Teilchens von der Kanone zum Detektor zu sprechen. Die klassische Teilchenbahn gibt es bei Quantenobjekten nicht. Wie wir gesehen haben, erhält man nur dann das Interferenzmuster, wenn ein Teilchen zwei oder mehr Möglichkeiten hat, zum Ziel zu kommen, und man nicht herausfinden kann, welchen Spalt das Elektron genommen hat. Sofern man den Weg des Teilchens verfolgt, zwingt man dieses zu einer Entscheidung und es geht nicht mehr durch beide Spalte zugleich, sondern jeweils nur durch eine Öffnung.

Das Interferenzmuster, das durch zwei Wege zustande kommt, verschwindet. Die Beobachtung zwingt also das Elektron, nur einen der beiden Wege zu nehmen. Die Beobachtung oder Messung ist somit stets ein Eingriff in die ungestörte Abfolge des Ereignisses und ändert den Zustand des gemessenen Objektes oder Systems, beeinflusst also den Versuch.

Messergebnisse liefern also keine zutreffende Aussage über die reale Existenz, die ‚reale Wirklichkeit' eines Quantenobjekts.

## 8.4.1 Bewusstsein und Messung

Die Beobachtung spielt in der Quantenphysik durchaus eine irritierende und erstaunliche Rolle. Einige Wissenschaftler räumen sogar dem Bewusstsein eine Bedeutung beim Kollaps der Wellenfunktion ein. Sie mutmaßen, da die Beobachtung die Dinge entstehen lässt, dass geistige Kräfte auf Materie einwirken können, dass unser Bewusstsein Wirklichkeit schafft, also die ganze Welt erzeugt. Der menschliche Beobachter ist demnach der Schöpfer der quantenphysikalischen Realität. Allerdings gibt es keinerlei Beweis für derartige Aussagen.

Der ganz große Teil der Wissenschaftler teilt die obige Meinung nicht. Sie argumentieren, dass es gänzlich ohne Belang sei, ob die Beobachtung oder Messung durch einen bewussten Beobachter erfolgt oder nicht. Drastisch ausgedrückt, sei es egal, ob die Messung durch einen denkenden Menschen, einen Laptop oder einen dementen Rübeländer Grottenolm durchgeführt wird. Sobald ein Quantensystem mit dem übrigen Kosmos in Kontakt kommt, stellt dies eine Messung dar.

## 8.5   Einstein versus Bohr

Viele Wissenschaftler trieben die Mess- und sonstigen Ergebnisse sehr um, viele wollten die Auswirkungen nicht akzeptieren. Einstein verstand die Ergebnisse wahrscheinlich recht gut, wollte aber die tiefgehenden

Auswirkungen einer zerfallenden, sich auflösenden Wirklichkeit nicht tolerieren. Daher Einsteins rhetorische Frage an Niels Bohr: *„Glauben Sie wirklich, der Mond ist nicht da, außer wenn jemand hinschaut?"* [16] Die Antwort von Niels Bohr war in etwa: *„Können Sie mir das Gegenteil beweisen?"*

Mal Teilchen, mal Welle, beides in Einem und der Zufall mit entscheidender Rolle. Auch damit kam Einstein nur bedingt zurecht: *„Die Quantenmechanik ist sehr achtungsgebietend. Aber eine innere Stimme sagt mir, dass das noch nicht der wahre Jakob ist. Die Theorie liefert viel, aber dem Geheimnis des Alten bringt sie uns kaum näher. Jedenfalls bin ich überzeugt, dass der Alte nicht würfelt."* [17] Einstein mutmaßte, dass man die Fundamente tiefer legen und es hinter den Zufällen der Quantenmechanik noch unbekannte Gesetzmäßigkeiten geben müsse. Er hielt es für wahrscheinlich, dass zusätzliche Eigenschaften existieren, die man nicht beobachten kann – sogenannte verborgene Variablen – und mit denen man alles erklären könne.

Die Antwort von Niels Bohr lautete: *„Aber es kann doch nicht unsere Aufgabe sein, Gott vorzuschreiben, wie er die Welt regieren soll."* [18]

Schon die Versuche zur Bellschen Ungleichung ließen keine verborgenen Variablen zu und heute weiß man, dass es diese Variablen mit extrem hoher Wahrscheinlichkeit nicht gibt. Gott würfelt doch.

Da es mir so gut gefällt, möchte ich noch ein Zitat von Stephen Hawking einfügen: *„Einstein lag falsch, als er sagte <Gott würfelt nicht.> (...). Er hat die Würfel nur manchmal dorthin geworfen, wo wir sie nicht sehen."*[19]

> *Der Mensch, ja das ganze Universum besteht ausschließlich aus Quanten. Vor der Messung existiert kein Teilchen. Erst durch die Messung werden die Teilchen real, wird die Wirklichkeit erschaffen. Der Ort wird dabei nicht gemessen, sondern erzeugt.*

# 9  Wheelers Experiment

**Daniel Greenberger: „Einstein sagte, die Welt könne nicht so verrückt sein, heute wissen wir, die Welt ist so verrückt.“[20]**

Lassen Sie uns noch ein weiteres Experiment ansehen. Dieses ist dem Doppelspaltversuch recht ähnlich, besitzt aber einen gänzlich anderen Aufbau.

Dieses Experiment wurde von John Archibald Wheeler (*1911; †2008), einem amerikanischen theoretischen Physiker, 1978 entworfen und vorgeschlagen.

Aufgrund der schwierigen technischen Umsetzung existierte es drei Jahrzehnte lang nur als abstrakter Versuch, als Gedankenexperiment.

Inzwischen konnte es jedoch mittels eines Mach-Zehnder-Interferometers (ein hochempfindliches optisches Messinstrument) in ähnlicher Weise realisiert werden.

Wir werden eine theoretische Form des Versuchs betrachten, da diese den Sachverhalt einfach und verständlich wiedergibt.

Aufbau: Wir haben oben links eine Photonenquelle, die auch einzelne Photonen aussenden kann. Die Photonen treffen auf einen halbdurchlässigen Spiegel (A), der exakt 50 Prozent des Lichts geradeaus durchlässt und 50 Prozent nach unten reflektiert. Zwei weitere Spiegel (links unten (C) und rechts oben (B)) leiten die ‚grünen‘ Photonen auf dem grünen Pfad und die ‚blauen‘ Photonen auf dem blauen Pfad zu jeweils einem Detektor weiter.

Die Längen der Pfade sind exakt gleich lang.

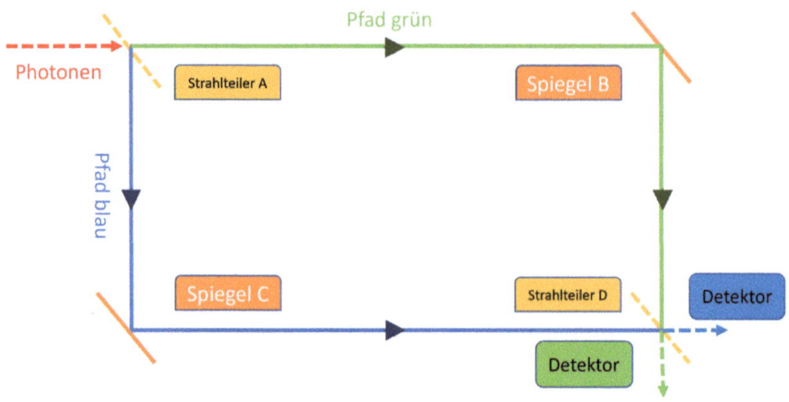



Abbildung 14: Wheelers Experiment

a. Wir lassen nun die Photonen auf Wanderung gehen. Ein Teil von ihnen kann nach dem Strahlteiler (A) geradeaus auf den grünen Pfad fliegen, ein anderer Teil wird vom Spiegel nach unten reflektiert (blauer Pfad). Von 1000 Teilchen werden sich letztlich 500 am grünen Detektor und 500 am blauen Detektor zeigen.

b. Nun fügen wir in den Versuch einen zweiten Strahlteiler (D) genau dort ein, wo sich der grüne und der blaue Pfad schneiden. Die Photonen werden dann ebenfalls wieder mit einer Wahrscheinlichkeit von jeweils 50 Prozent auf die beiden Detektoren treffen.
Bei Versuchsaufbau a. wussten wir, dass die Photonen des grünen Pfades auf den Detektor Grün treffen und Blau auf Blau. Der Weg, den die Teilchen gegangen sind, war dort klar.
Jetzt schlagen Teilchen allerdings von beiden Pfaden jeweils bei beiden Detektoren auf.
Dies bedeutet, dass der Weg, den die einzelnen Photonen gegangen sind, nicht bestimmt werden kann, da diese Information nachträglich gelöscht wurde. Jedes einzelne Photon könnte über den blauen oder

den grünen Pfad angekommen sein. Die Welcher-Weg-Information fehlt.

Da das Photon daher vermutlich ‚weiß', dass diese Information fehlt, und dass es sich um ein Wellenexperiment handelt, kommt nun eine Welle über beide Pfade an und überlagert sich.

Wir sind jetzt nicht mehr überrascht, dass sich wieder das Interferenzmuster der Wahrscheinlichkeitsfunktion zeigt.

c. Wheeler überlegte sich, wann denn das Photon die Entscheidung trifft, sich wie eine Welle oder wie ein Teilchen zu verhalten. Seine Idee war, den zweiten Strahlteiler erst dann einzuschieben, wenn das Teilchen den ersten Strahlteiler bereits passiert hat. Dies war natürlich eine Herausforderung, da das Teilchen ja mit Lichtgeschwindigkeit unterwegs ist.

Mit dem Herausnehmen des Strahlteilers haben wir zunächst wieder unsere Version a.

Dann machen sich die Teilchen auf den Weg: Am Strahlteiler A entscheiden sie, sich wie ein Teilchen zu verhalten.

Und jetzt kommt wieder der Hammer: Schieben wir nun jedes Mal blitzschnell den Strahlteiler D ein, dann zeigt sich an den beiden Detektoren das Interferenzmuster. Die Photonen zeigen sich wellenartig.

Wie können die Photonen ‚wissen', dass der zweite Strahlteiler eingeschoben wird? Die Teilchen scheinen intelligent zu sein und können wohl – zumindest in klassischer Hinsicht – in die Zukunft sehen. Sie verhalten sich entsprechend dem endgültigen Aufbau des Versuchs, und dies, obwohl sie diesen vorab überhaupt nicht kennen konnten.

# 10 Offene Fragen

Wie wir gesehen haben, ist das Verhalten der Objekte bei beiden Versuchen ein ganz anderes, als wir dies aus der klassischen Physik kennen. Die dortigen Beschreibungsmethoden funktionieren für die Welt im Kleinsten nur bedingt. So können wir ein Teilchen oder eine Welle beschreiben, aber das Quant ist eben keines von beiden. Es ist etwas unbekanntes Anderes.

Daher meinen Physiker auch, man könne die Theorie nicht verstehen und müsse sie halt so nehmen, wie sie ist. Man muss die erkenntnistheoretische Kröte schlucken, ob man will oder nicht.

Obwohl nahezu alle Zusammenhänge der Quantenmechanik mathematisch exakt dargestellt sind, sprengt sie den Rahmen unseres Vorstellungsvermögens.

Die Quantenmechanik besteht nun seit mehr als 100 Jahren, aber eine Lösung der in ihr enthaltenen Rätsel zeichnet sich immer noch nicht ab. Allein aus den Versuchsergebnissen ergeben sich Fragestellungen, die bis heute nicht endgültig zu beantworten sind. Hier eine kleine Auswahl:

> Ist die Superposition real?
> Kollabiert die Wellenfunktion oder kollabiert sie nie?
> Sofern die Wellenfunktion zusammenbricht, warum?
> Kommt der Wellenfunktion eine physikalische Realität zu?
> Besteht Information unabhängig von Materie und Energie?
> Ist Information wichtiger als alle anderen Konzepte?
> Welche Rolle spielt der Messvorgang?
> Erschafft die Beobachtung die Realität?
> Kann man überhaupt von einer realen Welt sprechen, wenn erst die Beobachtung die Objekte real werden lässt?

> Gehen die überlagerten Zustände einer Superposition jeweils in ein anderes Universum ein?
> Wie können die Teilchen schon beim Start wissen, dass nachträglich eine Modifikation des Versuchs vorgenommen wird?
> Hat das Bewusstsein einen Einfluss auf das Experiment? Spielt es eine grundsätzliche Rolle bei der Erschaffung von Realität oder nur in bestimmten Situationen oder gar nicht?
> Wo liegt der Übergang zwischen Quantenphysik und klassischer Physik?
> Wie kann man die klassische Physik mit der Quantenphysik verknüpfen?
> Ist Vergangenheit tatsächlich Vergangenheit, solange diese nicht festgehalten ist (Wheeler)?

Die nachfolgenden Sichtweisen beschäftigen sich mit einem Teil dieser Fragen.

# 11 Deutungen und Theorien

Steven Weinberg: „Das Bemühen, das Universum zu verstehen, ist eines der ganz wenigen Dinge, die das menschliche Leben ein wenig über die Stufe einer Farce erheben, und gibt ihm etwas von der Anmut der Tragödie.“[21]

Es gibt sehr viele unterschiedliche Positionen zur Beschreibung der spektakulären Ergebnisse. Schauen wir uns ein paar davon an.

## 11.1 Kopenhagener Deutung

Der Standard der Kopenhagener Deutung, auch Kopenhagener Interpretation genannt, wurde im Dialog mit anderen Physikern von Niels Bohr und Werner Heisenberg formuliert und beruht auf der von Max Born vorgeschlagenen Auslegung zur Deutung der Wahrscheinlichkeiten der Wellenfunktion.

Essenziell sind folgende Punkte:

- Es existiert ein Welle-Teilchen-Dualismus.
- Die Superposition ist das Ensemble zweier quantenmechanischer Zustände.
- Die Wellenfunktion ist nicht real, sondern eine abstrakte mathematische Funktion. Ihr Quadrat gibt mit der Wahrscheinlichkeitsdichte an, mit welcher Wahrscheinlichkeit ein Teilchen an einem bestimmten Ort auf dem Detektor aufschlägt.
- Die Wahrscheinlichkeiten für Ort und Impuls sind ein Teil der Natur selbst.

> Bis zur Messung befindet sich das Elektron in der Superposition und durchläuft alle Wege gleichzeitig. Erst durch die Messung, also die Beobachtung, wird die Superposition zerstört. Die nicht-reale Wellenfunktion bricht zusammen und man erhält einen realen Ort oder Impuls. Wie das Messergebnis zustande kommt, ist aber nicht bekannt.

> Der Kollaps der Wellenfunktion ist kein physikalischer Prozess.

> Ein Messgerät stellt nicht den Ort des Teilchens dar, sondern erzeugt diesen. Klarzustellen ist dabei, dass man für eine Beobachtung keinen Beobachter benötigt. Ein Messgerät, eine Kamera, ein Video, ... sind ausreichend.

Ein wesentliches Problem stellt die fehlende tiefere Quantenrealität dar. Des Weiteren widerspricht der Kollaps der Wellenfunktion – sofern keine abrupte Messung erfolgt – der zeitabhängigen Schrödinger-Gleichung.

Die Theorie unterscheidet zwischen mikroskopischen (Quantentheorie) und makroskopischen Welten (klassische Physik).

## 11.2 De-Broglie-Bohm-Theorie

Die Theorie wurde in den 1920er-Jahren von dem französischen Physiker Louis de Broglie (*1892; †1987) entwickelt und von David Bohm (*1917; †1992) verfeinert. Es gibt in dieser Theorie keinen Dualismus von Welle und Teilchen. Vor dem Doppelspalt startet ein Partikel, geht als Partikel auf einer genau definierten Flugbahn durch den Spalt und kommt als solches auch auf der Fotoplatte an. Es gibt eine Führungswelle, das Teilchen schwimmt sozusagen auf dieser wie Treibgut mit und geht genau durch einen der zwei Spalte. Durch welchen, das definiert die Anfangsposition. Die Welle interferiert und bringt das Teilchen an einen bestimmten, vorhersehbaren Ort. Dort, wo die Interferenz destruktiv ist, wird es nicht auftreffen, sondern dort, wo sie konstruktiv ist. Die Welle kollabiert nicht.

Das Teilchen existiert also real und hat zu jeder Zeit einen bestimmten Ort. Die Bewegung der Teilchen wird durch eine Wellenfunktion, die der Schrödinger-Gleichung gehorcht, beschrieben. Durch diese ist zusammen mit der Richtung und der Geschwindigkeit der Auftreffpunkt vorhersehbar. Der Messprozess verliert in der Bohmschen Mechanik seine Bedeutung. Hier wird eine ‚normale‘ klassische Messung durchgeführt.

Nach dieser Theorie braucht Einsteins Gott nicht mehr zu würfeln. Der Kollaps der Wellenfunktion wurde eliminiert. Es gibt keine Teilchen, die gleichzeitig eine Welle sind.

Die De-Broglie-Bohm-Theorie wurde lange Zeit kategorisch abgelehnt, da diese u.a. keine Aussage zu den unendlich vielen, nicht teilchenbesetzten, also „leeren" Wellenfunktionen macht. Sie erzielt heute aber aufgrund etlicher, eindrucksvoller Vorzüge wieder einigen Zuspruch. Sie ist eventuell ein Kandidat, um die Allgemeine Relativitätstheorie mit der Quantenmechanik zu verheiraten (Bohmsche Quantenfeldtheorie).

## 11.3 Viele-Welten-Interpretation (VWI)

Diese Interpretation der Quantenmechanik, welche die Schrödinger-Gleichung als einziges universelles Prinzip nutzt, wurde 1957 von Hugh Everett (*1930; †1982) postuliert und von Bryce DeWitt (*1923; †2004) überarbeitet und verbreitet. Sie enthält ebenfalls keinen Kollaps der Wellenfunktion. Die Welten spalten sich auf.

Dies bedeutet, dass in der VWI ein Kenntnisgewinn des Beobachters nicht das beobachtete System verändert. Die Aufspaltung der Superposition in die einzelnen Elemente nimmt er gar nicht wahr. Die überlagerten Einzelzustände gehen bei jedem Messvorgang, inklusive dem Beobachter, getrennt in unterschiedliche Zweige der Realität, also jeweils in ein anderes Universum, ein. Jeder mögliche Messausgang wird demnach in einem anderen Universum beobachtet. Dementsprechend entsteht alles, was möglich ist, und besteht dann in seiner eigenen Welt im Hyperraum. Alle möglichen Geschichtsverläufe existieren. Konkret: Sieht jemand nach Schrödingers Katze, entstehen zwei parallele Welten. In der einen lebt die Katze, in der anderen ist sie mausetot.

Der Beobachter wird sich in der einen Welt an die lebende Katze erinnern, in der anderen Welt an die tote Mieze.

Dabei ist eine Interaktion zwischen diesen Universen nicht möglich.

Die Hypothese ist umstritten, hat aber aufgrund ihrer unbestechlichen Konsequenz sehr viele Anhänger.

## 11.4 Dekohärenz

Die Dekohärenz von Zustandsfunktionen offener Quantensysteme war bereits zu Anfang des letzten Jahrhunderts bekannt. Der deutsche Physiker Dieter Zeh (*1932; †2018) nahm diese Gedanken Anfang der 1970er-Jahre wieder auf und es entstand eine revolutionär andere Theorie, eine Art Präzision der Everettschen Idee zur Interpretation der Quantenmechanik. Mit ihr kann man das ganze Universum quantenmechanisch beschreiben. Auch der Übergang von einer mikroskopischen in eine klassische Welt kann mit ihr begründet werden. Inzwischen wurde die Theorie von einigen Physikern weiterentwickelt und ist experimentell belegt. Man geht davon aus, dass alle Zustände der Superposition äußerst empfindlich auf Einwirkungen aus der Umwelt reagieren. Sogar kleinste Wechselwirkungen mit der natürlichen Umgebung, also zum

Beispiel mit Licht oder mit der überall vorliegenden Gravitation, beenden schon den Überlagerungszustand der verschiedenen Möglichkeiten. Auch Luftmoleküle zerstören die Kohärenz.

Man könnte sagen, im Rahmen der Dekohärenztheorie erschafft sich die ‚klassische‘ Natur durch die Wechselwirkungen ihrer Elemente selbst.

Quantenmechanische Eigenschaften kommen nur in von der Umgebung gut isolierten Systemen mit schwacher Wechselwirkung voll zum Tragen.

Im Zusammenhang mit dem Doppeltspaltversuch konnten Wiener Wissenschaftler nachweisen, dass die Interferenz in einem isolierten Versuchsaufbau bei über 600 Grad Celsius verschwindet. Die Elektronen verhalten sich dann aufgrund der vielen Treffer durch die umherschwirrenden Photonen wie klassische Teilchen.

In der Dekohärenztheorie geschieht dieser Übergang nicht sofort, sondern kontinuierlich. Jede Wechselwirkung stört die Wellenfunktion etwas mehr. Je mehr Wechselwirkung wir haben, umso schärfer werden dann die klassischen Konturen wie Geschwindigkeit, Form und Position. Schließlich verschwinden ihre Welleneigenschaften. Bei großen Objekten hat die Dekohärenz eine noch höhere Relevanz, denn diese verlieren ihren quantenmechanischen Zusammenhang wesentlich schneller. Die Dekohärenzzeit, also die Zeit, in der die Kohärenz verschwindet, liegt unter Normaldruck bei einem Elektron um $10^{-12}$, bei einem Staubkorn um $10^{-18}$ und bei einer Bowlingkugel um $10^{-26}$ Sekunden. Sie sehen, das geht recht flott.

Im Unterschied zur Kopenhagener Deutung gibt es bei der Dekohärenz keinen Kollaps der Wellenfunktion. Bei einer Messung ergeben sich in diesem Modell Wechselwirkungen mit makroskopischen Systemen und lösen eine Verschränkung mit dem Messgerät, dem Beobachter und der

Umgebung, ja dem ganzen Universum aus. Die mikroskopische Welt verschwindet und wird aufgrund der Dekohärenz klassisch. Nachdem gemessen wurde, haben wir es nicht mehr mit zwei Objekten zu tun, sondern mit einem Objekt in einem einzigen Gesamtzustand. Dieser klassische Zustand ist irreversibel, kann also nicht mehr rückgängig gemacht werden. Es gibt keine Superposition mehr, die man lokal nachweisen könnte. Die Wellenfunktion spaltet sich in verschiedene Zweige auf, und alle weiteren Messergebnisse, die auftreten konnten, existieren getrennt in einem Raum mit vielen Dimensionen weiter.

Nehmen wir zwei verschränkte Photonen mit horizontaler und vertikaler Polarisierung, so haben wir vor der Messung zwei Varianten. Messen wir horizontal/vertikal, so existiert auch die Version vertikal/horizontal in einer anderen Welt weiter. Die Dekohärenztheorie benötigt daher viele Welten.

Offen bleibt in dieser Interpretation der Quantenmechanik das Problem des Erscheinens der klassischen Welt und die durchgängige Lösung des Messproblems.

## 11.5 Fazit

Bei einer im Jahr 1999 vorgenommenen informellen Umfrage zur Interpretation der Quantenmechanik am Isaac-Newton-Institut in Cambridge stimmten von 90 Physikern acht für die Kopenhagener Deutung, 30 wählten die Viele-Welten-Theorie oder verbundene Historien (ohne Kollaps), der Rest entschied sich für keine dieser Theorien.

Eine weitere Umfrage (nicht repräsentativ) stammt aus dem Jahr 2011 und wurde von Professor Anton Zeilinger während eines Kongresses in Traunstein durchgeführt. Die Quantenphysiker entschieden sich wie folgt: 42 Prozent waren für die Kopenhagener Deutung, 24 Prozent für informationsbasierte beziehungsweise informationstheoretische Interpretationen (Information ist hier eine physikalische Fundamentalgröße der Quantenmechanik) und 18 Prozent für die Viele-Welten-Theorie von Everett.

Eine einheitliche Deutung des Doppelspaltversuches gibt es also genauso wenig wie eine gesicherte Theorie für das Verhalten der Teilchen.

Auch gibt es keine wissenschaftliche Übereinkunft, ob die Teilchen nur punktuell existieren, also etwa bei Wechselwirkung oder bei Beobachtung.

Ein Wellen- und Teilchencharakter ist nicht gleichzeitig bestimmbar. Auch Ortseigenschaften und Interferenz können nicht zur gleichen Zeit realisiert werden. Sie schließen sich gegenseitig aus, sie sind komplementär.

**Der Dekohärenz folgend sieht es zunächst so aus, als gäbe es unsere Realität erst durch die Wechselwirkungen von einzelnen Dingen.**

Wenn wir mehrere Teilchen haben, können wir davon ausgehen, dass diese auch wechselwirken. Es sind dann sehr viele Möglichkeiten gegeben, und je mehr Wechselwirkungen wir haben, umso mehr verschwinden die quantenmechanischen Eigenschaften. Es tritt Dekohärenz ein. Je mehr Teilchen also agieren, desto gehaltvoller werden auch die Aussagen an der Oberfläche, da viele Informationen nach außen getragen werden. Das Ausmaß der Wechselwirkung kann verwendet werden, um die Grenze zwischen quantenmechanischer und klassischer Welt festzulegen.

Welch großes Glück, dass tief dort unten im Quantenreich alles miteinander wechselwirkt und damit fast überall Dekohärenz besteht. Maßgeblich ist hier die Gravitation beteiligt, die das ganze Universum durchzieht.

Sie wissen ja bereits, dass Atome zu über 99,9 Prozent ein masseleerer Raum sind, der mit etwas Energie und Information (Möglichkeiten) angefüllt ist. Sie haben auch zur Kenntnis genommen, dass Sie lediglich aus ein paar Quarks und etwas Kleber bestehen.

Bedauerlicherweise musste ich Ihnen nun auch noch mitteilen, dass diese Quanten eventuell gar nicht real sind, sondern Materiewellen, Wahrscheinlichkeitswellen darstellen. Kommen Sie auch etwas ins Grübeln?

Wir können schlussfolgern, dass Leben kein Grundbaustein des Kosmos ist, sondern durch die Aktivitäten der Elementarteilchen und Atome erzeugt wird.

Max Planck: „**Als Mann, der sein ganzes Leben der klarsten Wissenschaft gewidmet hat, dem Studium der Materie, kann ich Ihnen als Ergebnis meiner Forschung über die Atome so viel sagen: Es gibt keine Materie als solche! Alle Materie entsteht und existiert nur aufgrund einer Kraft, die die Teilchen eines Atoms zur Schwingung bringt und dieses kleinste Sonnensystem des Atoms zusammenhält. Wir müssen hinter dieser Kraft die Existenz eines bewussten und intelligenten Geistes annehmen. Dieser Geist ist die Matrix aller Materie.**"[22]

Als Zwischenbilanz können wir festhalten, dass die Wissenschaftler vieles im Mikrokosmos verstanden haben, es aber auch noch sehr viel zu erforschen gibt. Unbestimmt und unscharf wird aber per se einiges so bleiben, wie es ist.

# 12 Heisenberg und die Unschärferelation

Heisenberg: „Die Quantentheorie lässt keine völlig objektive Beschreibung der Natur mehr zu.«[23]

**Werner Heisenberg**

Werner Heisenberg wurde im Jahr 1901 in Würzburg als zweites Kind von Annie und August Heisenberg geboren. Schon im Grundschulalter interessierte er sich für Zahlen und deren Eigenarten, Primzahlen waren sein Faible.

Am Münchener Maximilians-Gymnasium, das in dieser Zeit von seinem Großvater Nikolaus Wecklein geleitet wurde, entwickelte er sich zum mathematischen Wunderkind. Die Differenzial- und Integralrechnung brachte er sich selbst bei.

Aber auch Goethe und Platon hatten es ihm angetan. Goethes Faust lernte er auswendig. In der Schule wurden ihm die Bücher mit der Zeit zu trivial.

Im Jahr 1920 machte er sein Abitur – bis auf eine Zwei in Deutsch hatte er nur Einser. Aufgrund dieser ausgezeichneten Leistungen bekam er ein Stipendium für Hochbegabte.

Er beabsichtigte, ein Mathematikstudium aufzunehmen, und besuchte bereits vor Beginn des Studiums einige Kurse, unter anderem über mathematische Methoden der modernen Physik. Dabei war es seine Intention, das Grundstudium zu überspringen. Aber nach einem Hausbesuch bei dem bekannten Mathematikprofessor Ferdinand von Lindemann war dieses Thema schnell vom Tisch. Als Heisenberg im Gespräch andeutete, dass er sich unter anderem auch mit der allgemeinen Relativitätstheorie beschäftige, beendete Lindemann die Begegnung mit den Worten: „Dann sind Sie für die Mathematik sowieso schon verdorben."

Er nahm daraufhin bei Arnold Sommerfeld ein Studium der mathematischen Physik auf. Schon zu dieser Zeit gehörte München – dank Sommerfeld – zu den weltweit bedeutendsten Schulen der theoretischen Physik. Von Sommerfeld bekam er von Beginn an herausfordernde Themen übertragen, die Heisenberg innerhalb kürzester Zeit mit Bravour meisterte. Sein Lehrer wurde auf das Potenzial, das in Heisenberg schlummerte, sofort aufmerksam.

Er schloss sein Studium innerhalb der Mindestdauer von drei Jahren ab.

Bei der mündlichen Doktorprüfung wollte ihn Wilhelm Wien wegen mangelnder Kenntnisse (welch bodenlose Ignoranz!!!) in der Experimentalphysik allerdings durchfallen lassen. Nur durch energische Fürsprache durch Sommerfeld bekam er im Jahr 1923 mit Ach und Krach seinen Doktortitel.

Ab 1924 arbeitete Heisenberg als Assistent von Max Born in Göttingen, wo er sich im Juli 1924 habilitierte.

Er war in den Jahren 1924/25 auch zweimal als Stipendiat am Institut von Niels Bohr in Kopenhagen tätig, das zu dieser Zeit ein internationaler Treffpunkt von Quantenphysikern war.

Im Frühjahr 1925 wurde Heisenberg von starkem Heuschnupfen geplagt und verreiste deshalb nach Helgoland. Dort fand er eine mathematische Formulierung der Quantenmechanik, die er zusammen mit Born und Jordan in eine konsistente mathematische Theorie – die Matrizenmechanik – integrierte.

Anschließend ging er nach Leipzig, wo ihm bereits mit 26 Jahren eine Professur angeboten wurde. Bereits im ersten Jahr seiner dortigen Tätigkeit veröffentlichte er eine wissenschaftliche Arbeit unter dem Titel „Über den anschaulichen Inhalt der quantentheoretischen Kinematik und Mechanik". Diese enthielt die bahnbrechende Erkenntnis der Unbestimmtheitsrelation. Diese Theorie ließ ihn in kürzester Zeit zu einem der bekanntesten theoretischen Physiker der Welt aufsteigen.

Es wurden ihm viele Ehrungen zuteil. Die höchste Auszeichnung erhielt er im Jahr 1932. Seine Forschungsergebnisse im Bereich der Quantentheorie wurden mit dem Nobelpreis für Physik gewürdigt.

Werner Heisenberg war mit der Tochter des Berliner Professors Hermann Schuhmacher, Elisabeth verheiratet, die ihm sieben Kinder schenkte.

Heisenberg liebte die Natur und pflegte neben seiner Arbeit vielseitige Interessen. Neben Wettkämpfen in der Lösung von Mathematikaufgaben spielte er gerne Tischtennis und war auch ein leidenschaftlicher und sehr guter Pianist.

## 12.1 Unschärferelation: Der Messprozess

Sie sind mit dem Auto unterwegs zu Ihrem Skatabend. Es eilt, und direkt nach einer Brücke macht es ‚pling'. Kurze Zeit später erhalten Sie ihr Konterfei zugesandt und die erzielte Geschwindigkeit wird postwendend mitgeliefert.

Auch Heisenberg ist mit seinem Cadillac V-16 recht flott unterwegs. Ein Polizist winkt ihn heraus. „Wissen Sie eigentlich, wie schnell Sie da hinten bei der Brücke gefahren sind?" Heisenberg: „Ich wusste genau, wo ich war, wie soll ich denn da wissen, wie schnell ich gewesen bin?"

Sie erkennen natürlich sofort den Unterschied zwischen dem Makro- und dem Mikrokosmos.

Im Makrokosmos können Sie jederzeit den Ort und die Geschwindigkeit Ihres Wagens feststellen.

Wenn wir von einem Quantenobjekt aber wissen wollen, wo es ist, kann es uns nicht gleichzeitig sagen, wie schnell es genau ist. Fragen Sie es nach dem Impuls, kann es Ihnen keinen Ort nennen. Dies liegt nicht an etwaigen Unzulänglichkeiten der Messinstrumente.

Nun, warum ist dies so?

Nehmen wir an, Sie konsumieren Ihren Kaffee immer mit exakt 50 Grad Celsius. Zur Messung tauchen Sie ein Thermometer in die Tasse. Da das Thermometer kälter als Ihr Kaffee ist, nimmt es Wärme auf. Der Kaffee wird kälter, und so erhalten Sie einen verfälschten Wert. Der Kaffee ist einfach nicht mehr so, wie er ohne Messung gewesen wäre.

Wesentlich gravierendere Auswirkungen haben Messungen an Quantenobjekten. Wollen wir zum Beispiel den Ort eines Elektrons bestimmen, so eignen sich hierfür insbesondere kurzwellige Photonen. Diese besitzen jedoch eine sehr hohe Frequenz und damit auch eine hohe Energie ($E = h \times f$). Knallt nun so ein Bomber auf unser Elektron, so wird dieses regelrecht aus der Bahn katapultiert und sein Impuls verändert sich somit erheblich.

## 12.2 Unschärferelation: Die grundlegende Eigenschaft

Kehren wir wieder zum Doppelspaltversuch zurück. Geöffnet ist ein Spalt. Wir haben gesehen, dass sich ein Quantenobjekt sowohl wie ein Teilchen als auch wie eine Welle verhalten kann.

Als Teilchen hat es einen festen Ort (x), aber keine Richtung und damit keinen Impuls (p). Als Welle hat es keinen Ort, denn es ist überall, besitzt aber Richtung und Geschwindigkeit und hat somit einen Impuls.

Nun haben wir es ja weder mit einem Teilchen noch mit einer Welle zu tun, sondern mit einem Quantenobjekt. Können wir auch für dieses etwas zu Ort und Impuls sagen?

Dies ist möglich. Werfen Sie einen Blick auf Abbildung 15.

| | |
|---|---|
| Impuls | Wie in der klassischen Physik: Masse x Geschwindigkeit. Allerdings haben hier auch Objekte ohne Masse (z. B. Photonen) einen Impuls (h/$\lambda$). |
| $\Delta$x | ist der Bereich, in welchem sich das Teilchen aufhalten kann. |
| $\Delta$p | ist die Impulsabweichung von der x-Richtung |
| Eine der beiden De-Broglie-Beziehungen | Hat ein Teilchen den Impuls p, dann besitzt die Materiewelle die Wellenlänge $\lambda = h/p$ |

Erläuterung 6: Begriffe Unschärferelation

Sie sehen, dass in der linken Abbildung ein kleiner Spalt gewählt wurde. Der Impuls geht zunächst in Richtung des Spalts. Hier ist die Ortsunschärfe der Materiewelle relativ groß. Dies ändert sich aber, sobald diese zwischen dem Spalt ankommt. Hier wissen wir recht genau, wo das Quant ist. Die Impulsrichtung ändert sich dann aber schlagartig.

Die Welle wird gebeugt. Der ursprüngliche Impuls und der Querimpuls vereinigen sich zu einem Gesamtimpuls und wir erhalten dadurch eine große Impulsunschärfe.

In der rechten Abbildung haben wir eine große Öffnung gewählt. Dadurch ist zwar der Impuls gut definiert, die Ortsunschärfe aber groß.

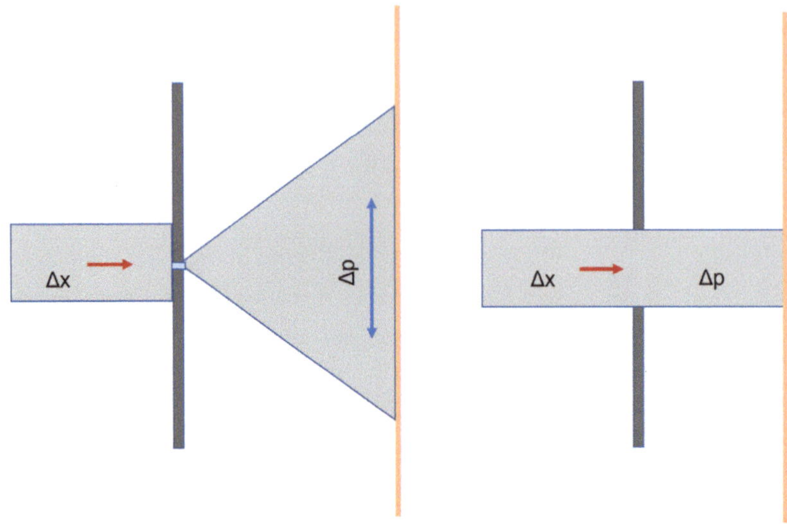



Abbildung 15: Orts-/ Impulsunschärfe

Heisenberg versuchte nun, eine Verknüpfung von $\Delta x$ und $\Delta p$ zu finden.

Er schätzte basierend auf der De-Broglie-Beziehung, dass das Produkt aus $\Delta x$ und $\Delta p$ größer oder ungefähr gleich der von Planck entdeckten Naturkonstante, dem Planckschen Wirkungsquantum h, sein müsse.

Das grundsätzliche Limit für Messungen definierte er wie folgt: $\Delta x \times \Delta p \approx h$.

Für den Einfachspalt kann man diese Formel auch durch zwei Ungleichungen herleiten.

$$\sin(\alpha) \gtrsim \lambda \quad \text{wobei} \quad \lambda = h/p \rightarrow \sin(\alpha) \gtrsim h/p \text{ und } p.\sin(\alpha) \leq \Delta p$$
$$h/p. \Delta x \lesssim \sin(\alpha) \leq \Delta p/p \rightarrow \Delta x \cdot \Delta p \approx h$$

Die Aussage, die diese Formel trifft, ist folgende:

Kennen wir den Ort des Quantenobjekts recht exakt, dann ist $\Delta p$ sehr groß.

Kennen wir den Impuls recht gut, dann ist $\Delta x$, die Ortsunschärfe, erheblich.

Wir können festhalten, dass die Wissensgrenze nicht darauf beruht, dass Messungen technisch nicht genau genug vorgenommen werden können oder die Messinstrumente ungenau sind, sondern prinzipieller Natur, also eine definitive Eigenschaft der Materie ist. Eine exakte Ortsbestimmung und eine exakte Bestimmung des Impulses (der Geschwindigkeit) sind also generell nicht möglich.

Es liegt ein nicht-definierter Zustand vor.

Ort und Impuls sind dabei komplementäre Eigenschaften der Quantenobjekte.

Kehren wir kurz nochmals zum Doppelspaltexperiment zurück. Auch hier besteht ja ein Zusammenhang von Ort und Impuls. Breite Wellenpakete werden dort von wenigen Sinuswellen geprägt. Dadurch ist der Wert des Impulses exakter und schärfer. Eine breite Welle steht für viele denkbare Aufenthaltsorte des Elektrons und eine größere Ortsunschärfe. Im Gegensatz dazu wird ein schmales Wellenpaket von relativ vielen Sinuswellen erzeugt. Die Information über den Impuls ist unscharf, der Wert des Ortes aber wird schärfer. Man versteht nun recht gut, dass sich das Wellenmuster nicht zeigt, wenn der Ort gemessen wird. Unschärfe bedeutet im Hinblick auf das Experiment ebenfalls, dass sich das ‚klassische' Teilchen vor der Messung nicht mit einer gewissen Wahrscheinlichkeit an einem gewissen Ort befindet, also irgendwo in der Welle vorhanden ist. Es befindet sich nirgendwo.

Wenngleich die Zeit kein Operator ist, so sind auch Energie und Zeit komplementär. Es gilt: $\Delta E \times \Delta t \geq \hbar/2$.

Energie und Zeitpunkt eines Zustandes lassen sich gleichzeitig ebenfalls nicht exakt messen. Dies bedeutet, dass aufgrund dieser Formulierung der Unschärferelation der Energieerhaltungssatz zumindest kurzzeitig verletzt werden kann. Kurzzeitig kann sich die Energie so erhöhen, dass zum Beispiel Teilchen(-paare) aus dem Nichts entstehen (und danach wieder genauso verschwinden) können.

Die Heisenbergsche Unschärferelation ist einer der zentralsten und bedeutendsten Bestandteile der Quantenmechanik. Ihre Aussage, dass ein Quantenobjekt etwa keinen bestimmten Aufenthaltsort oder keine bestimmte Geschwindigkeit hat, ist nicht zu widerlegen.

Aber auch im Makrokosmos haben wir es mit der Unschärfe zu tun. Wenn wir eine Billardkugel betrachten, so entspricht die Unschärfe bei dieser aber lediglich 0,00000000001 Prozent.

Dieses Prinzip des Undeutlichen, Verschwommenen ist also allgemein gültig. Daher entsprechen alle neueren Modelle im Rahmen der Quantenmechanik der Unschärferelation und den Wahrscheinlichkeitswellen.

Gemäß der Unschärferelation ist nichts mehr eindeutig. Eine exakte Aussage über die Welt um uns herum ist nicht möglich.

Alles ist lediglich eine riesige Ansammlung von Möglichkeiten, die mit bestimmten Wahrscheinlichkeiten eintreten. Die Quantenphysik basiert demnach auf dem Prinzip Zufall. Im Inneren der Materie existieren keine festen Formen, sondern nur wabernde, pulsierende Wolken von Aufenthaltswahrscheinlichkeiten. Zu Messendes entsteht erst durch die Messung. Wir müssen dies – ob wir wollen oder nicht – als Tatsache anerkennen.

Auch Einstein sträubte sich anfangs gegen diese Aussagen. Er glaubte, Heisenberg habe da ein großes Quantenei gelegt, und meinte damit, dass die Physiker – nach der Veröffentlichung der wissenschaftlichen Arbeit zur Unschärferelation – wie ein aufgeregter Hühnerhaufen herumgelaufen seien.

Im Grunde verhielt er sich selbst aber auch nicht besser: Er ersann mit viel Akribie das eine oder andere theoretische Experiment, um Heisenberg zu widerlegen. Es gelang ihm nicht.

Bei einer Strahlung aussendenden, in einer Box isolierten Uhr konnte Heisenberg bereits nach einem Tag kontern. Einstein hatte seine eigene Theorie, die Relativitätstheorie (Gravitation), zu berücksichtigen vergessen. Autsch!!!

> *Teilchen sind die Grundlage unseres Lebens. Sie bestehen aus Wolken von Wahrscheinlichkeiten.*

# 13 Die Gleichung und die Katze

Schrödinger: „**Ein rein verstandesgemäßes Weltbild, ganz ohne Mystik, ist ein Unding.**"[24]

**Erwin Schrödinger**

Schrödinger wurde 1887 als Sohn der Eheleute Rudolf und Georgine in Wien geboren. Beide Elternteile übermittelten ihm bereits in seiner Jugendzeit ein starkes Interesse an den Naturwissenschaften, welches ihn lebenslang begleitete. Bis zum elften Lebensjahr wurde Schrödinger von Privatlehrern und seinen Eltern ausgebildet. Ab 1898 besuchte er das Akademische Gymnasium, wo er als äußerst befähigter und bestrebter Schüler galt. Nach der Reifeprüfung im Jahr 1906 studierte er bis 1910 an der Wiener Universität Mathematik und Physik. Er promovierte bei Franz Eckner zum Doktor phil. und habilitierte sich 1914 am Physikalischen Institut. In den Jahren danach folgte er verschiedenen Berufungen an Universitäten im Ausland und kam schließlich 1922 nach Zürich. Dort übernahm er den Lehrstuhl für theoretische Physik, welchen einst auch Albert Einstein innehatte.

In den Folgejahren konzentrierte er sich nach und nach auf die Wellenmechanik, welche er auf einzelne Atome herunterbrach. Während eines Urlaubs in Arosa entdeckte er im Zuge seiner theoretischen Untersuchungen eine Differenzialgleichung, welche die Wellenmechanik als Beschreibung der Quantenmechanik begründete. Diese Theorie war geeignet, die zeitliche Entwicklung von Quantensystemen zu beschreiben und erleichterte die Erforschung von Molekülen und Atomen erheblich. Sie löste einige der gravierendsten Probleme der Atomphysik und hat die Türen für eine gänzlich neue Physik geöffnet.

1933 erhielt er für die Verdienste um die Weiterentwicklung der Quantenmechanik den Nobelpreis für Physik.


## 13.1 Die Schrödinger-Gleichung

1925 entwickelte Werner Heisenberg eine mathematische Theorie zur Verhaltensweise von Quantenobjekten. Diese basierte auf der Matrizenrechnung und erlaubte erstmals Berechnungen zu quantenphysikalischen Ereignissen.

Nur ein Jahr später war es dann Schrödinger, welcher eine mathematische Beschreibung der Vorgänge im Mikrokosmos veröffentlichte, die auf der Wellenmechanik beruhte. Dabei hatte sich Schrödinger anfangs überlegt, wie man den Welle-Teilchen-Dualismus, beziehungsweise die klassische Mechanik, mit den Wahrscheinlichkeitswellen der Quantenmechanik zu einer neuen Begrifflichkeit verbinden kann. Heraus kam eine Art quantenmechanisches Pendant der klassischen, mechanischen Wellengleichung. Bereits die erste Anwendung seiner Gleichung im Rahmen der Erklärung von Spektren des Wasserstoffatoms war von Erfolg gekrönt.

Die Theorien von Heisenberg und Schrödinger – beide Konzepte geben den zeitlichen Prozess eines Quantensystems wieder – existierten anfangs getrennt voneinander, und beide brachten sehr gute Ergebnisvoraussagen.

Schrödinger konnte noch im selben Jahr sogar den Beweis erbringen, dass beide Theorien mathematisch absolut gleichwertig sind.

Da die Schrödinger-Gleichung sich im Laufe der Zeit jedoch als greifbarer, klarer herauskristallisierte, setzte sich diese in der Wissenschaft durch.

Und hier ist sie, eine der bedeutendsten Gleichungen der Physik. Sie enthält alle Eigenschaften eines Quantensystems zu einer bestimmten Zeit.

In ihrer allgemeinsten Form lautet diese:

$$i\hbar\, \partial/\partial t\, |\Psi(t)\rangle = \hat{H}\, |\Psi(t)\rangle$$

Dabei ist

- i eine imaginäre Zahl,
- $\hbar$ = h/(2 × pi)) eine physikalische Größe, welche die Einheit einer Wirkung hat (reduzierte Plancksche Konstante),
- $\partial/\partial t$ die partielle Ableitung nach der Zeit,
- $\hat{H}$ der Hamilton-Operator (Energieoperator der Quantenmechanik) und
- $|\Psi(t)\rangle$ die zu bestimmende, unbekannte Funktion (Zustandsvektor).

Ich bitte um Nachsicht, dass ich an dieser Stelle nicht tiefer in die Gleichung einsteigen werde. In frühen Jahren hätte ich dies noch mit Begeisterung versucht. Stand heute muss ich eingestehen, dass es mir einerseits kein Ansporn mehr ist und ich andererseits Dinge wie die Infinitesimalrechnung nicht mehr beherrsche.

Für die Mathematikbegeisterten unter Ihnen: Versuchen Sie es doch einfach einmal über die Hamiltonfunktion. Anmerkung: Die Gleichung ist fundamental und kann weder physikalisch noch streng mathematisch exakt hergeleitet werden.

Richard Feynman: *„Woher haben wir die Gleichung? Nirgendwoher. Es ist unmöglich sie aus irgendetwas Bekanntem herzuleiten. Sie ist Schrödingers Kopf entsprungen.“*[25]

Als grundlegende Bewegungsgleichung für atomare Teilchen ist die Schrödinger-Gleichung fundamental für nahezu alle praktischen Anwendungen der Quantenmechanik. Mit der Schrödinger-Gleichung lässt sich die Wahrscheinlichkeit beschreiben, Teilchen in einem bestimmten Raum zu finden. Auf ihr basieren auch die Orbitalmodelle der modernen Wissenschaft. Wie alle anderen Wellen (Schallwelle = Druckwelle + Geschwindigkeitswelle) besitzt auch eine Teilchenwelle zwei Komponenten. Allerdings sind diese nicht einzeln, also nicht jede für sich messbar.

Als Lösung der Schrödinger-Gleichung erhalten wir die Wellenfunktion (Wahrscheinlichkeitsamplitude) oder äquivalent die Zustandsfunktion des Quantenobjekts.

Mittels der Wellenfunktion $\Psi(x;t)$ kann man über $|\Psi(x;t)|^2$ die Aufenthaltswahrscheinlichkeit am Ort x zur Zeit t ermitteln. Wellenfunktionen sind also keine statischen Gebilde, sondern sie haben eine Zeitstruktur.

Man darf nicht verschweigen, dass heute einige Wissenschaftler von dieser alten Theorie nicht mehr begeistert sind. Es bestehen heute durchaus Meinungen, dass die erkenntnistheoretische, empirische Funktion vielleicht irgendwann durch eine realistische Interpretation der Wellenfunktion abgelöst werden könnte.

## 13.2 Die halbtote Katze

**Einstein: „Man hat den Eindruck, dass die moderne Physik auf Annahmen beruht, die irgendwie dem Lächeln einer Katze gleichen, die gar nicht da ist."**[26]

Sowohl Einstein als auch Schrödinger hatten ihre lieben Probleme mit der Kopenhagener Deutung. Im Jahr 1935 veröffentlichte Schrödinger ein Gedankenexperiment, welches als „Schrödingers Katze" für Furore sorgte. Er ließ den Mikrokosmos mit dem Makrokosmos zusammenprallen und wollte mit diesem Exempel aufzeigen, wie paradox er die Kopenhagener Deutung der Quantentheorie fand.

Stellen Sie sich eine Katze in einer verschlossenen Box vor, in welche man nicht hineinsehen kann. In dieser Kiste befindet sich ein winziger Teil einer radioaktiven Substanz. Pro Zeiteinheit – nehmen wir eine Stunde – kann ein Atom zerfallen oder auch nicht. Die Wahrscheinlichkeit des Zerfalls beträgt 50 Prozent, diejenige dafür, dass keines zerfällt, ebenfalls 50 Prozent.

Falls mittels eines Detektors festgestellt wird, dass das erste Atom des radioaktiven Materials zerfallen ist, wird über einen Schaltkreis ein Hammer ausgelöst, welcher ein Fläschchen mit Gift zerschlägt. Die hypothetische Katze stirbt.

Abbildung 16: Die halbtote Katze

Wenn wir nicht in die Kiste sehen und auch sonst nicht messen, dann befindet sich das Atom in einem überlagerten Zustand aus zerfallen und nicht zerfallen. Damit befindet sich auch die Katze – der Quantenmechanik folgend – in einer Superposition aus lebendig und tot. **Konkret ist sie also sowohl lebendig als auch tot.** Über den Zustand der Katze lässt sich lediglich eine Wahrscheinlichkeitsaussage treffen.

Wir haben ja gesehen, dass die Superposition erst dann zerstört wird, wenn eine Messung erfolgt. Wenn wir in die Kiste blicken, muss sich das Universum entscheiden. Erst dann ergibt sich wieder aus den möglichen, in der Superposition enthaltenen Möglichkeiten ein eindeutiger Zustand. Das Atom ist zerfallen oder nicht und die Katze ist tot oder lebt.

Man kann mittels diesem Gedankenexperiment sehen, welche abwegigen Konsequenzen sich ergeben, wenn man die Gesetzmäßigkeiten der Quantenmechanik auf unsere Alltagswelt anwenden will.

Den Ausweg aus dieser Misere bietet uns die bekannte Dekohärenztheorie. Nach dieser werden die Superpositionen unterdrückt, sofern Wechselwirkungen in unserem abgeschlossenen System, der Kiste, auftreten. Je mehr Wechselwirkungen wir haben, desto weniger bleibt von den quantenmechanischen Eigenschaften übrig. Alleine schon die Katze besteht aus so vielen untereinander wechselwirkenden Teilchen, dass sie sich immer in der klassischen Welt befindet. Aber auch die Luft oder die emittierte Wärmestrahlung zerstört die Superposition der lebenden/ toten Katze.

Schrödinger wird an der Grenze mit seinem Auto angehalten. Der Zollbeamte: „Wissen Sie, dass sich eine tote Katze in Ihrem Kofferraum befindet?“

Schrödinger: „Jetzt schon, Sie Pfeife“.

# 14 Quanten

Heisenberg: „Vielleicht gibt es überhaupt noch sehr viele Elementarteilchen, die wir bisher nur deshalb nicht kennen, weil sie eine zu kurze Lebensdauer haben."[27]

Die Quantenmechanik kann erklären, auf welchen fundamentalen Bauelementen die Welt basiert. Seit vierzig Jahren gibt es ein Modell, welches die wesentlichen Aspekte der modernen Teilchenphysik zusammenfasst, und alle bekannten Elementarteilchen und die Wechselwirkungen zwischen ihnen beschreibt. Man nennt es schlicht und einfach das Standardmodell.

Es enthält folgende Elementarteilchen:

- 6 verschiedene Quarks mit jeweils 3 verschiedenen Farbladungen
- 6 Leptonen von denen 3 geladen sind
- 1 Higgs-Boson
- und 12 Eichbosonen.

Letztere sind wie folgt unterteilt

- 1 Photon (für die elektromagnetische Wechselwirkung)
- 8 Gluonen (9 Kombinationen von Farben und Antifarben +1 redundantes, bei welchem sich die Farben aufheben) für die starke Wechselwirkung
- sowie 3 Bosonen ($W^+$ $W^-$ $Z^0$) für die schwache Wechselwirkung.

Auf höchster Stufe kann man die Elementarteilchen in Fermionen und Bosonen gliedern. Fermionen besitzen einen halbzahligen Spin, Bosonen einen ganzzahligen.

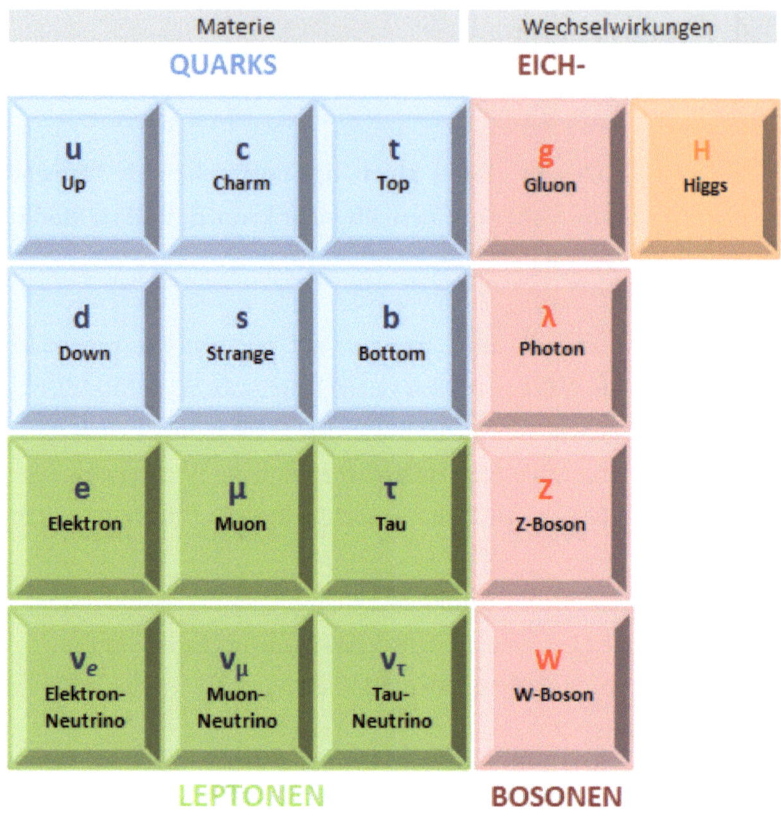


Abbildung 17: Das Standardmodell

## Quarks

Die Quarks haben ihren Namen aus einem Roman von James Joyce, in welchem schemenhafte Figuren als Quarks bezeichnet werden.

Sie bilden zusammen mit den Leptonen die Grundbausteine sämtlicher Materie. Die Eichbosonen übertragen alle Wechselwirkungen zwischen diesen Teilchen.

Wie Sie sehen, gibt es verschiedene Quarks. Quarks sind punktförmige Teilchen. Es gibt bis heute keinerlei Anhaltspunkte, dass deren Durchmesser > 0 ist (Quantenchromodynamik). Sie haben unterschiedliche Massen und Ladungen. Das Up-Quark zum Beispiel ist positiv geladen (2/3 der Elementarladung), während das Down-Quark 1/3 negative Elementarladung besitzt.

Quarks sind diejenigen Elementarteilchen, aus denen die Hadronen bestehen, also zum Beispiel Protonen und Neutronen. Letztere setzen sich – wie wir bereits gesehen haben – aus Up- und Down-Quarks zusammen. Dies sind subatomare Teilchen, die von der starken Wechselwirkung zusammengebunden sind. Da sie sich also nie isoliert aufhalten können, kann man auch Protonen und Neutronen im erweiterten Sinne zu den Elementarteilchen zählen.

Aber auch alle anderen Kräfte, also die elektromagnetische und schwache Wechselwirkung sowie die Gravitation, wirken auf die Quarks.

Alle Quarks besitzen einen halbzahligen Spin. Der Spin ist das quantenphysikalische Analogon des Eigendrehimpulses. Diese quantenmechanische Eigenschaft ist schwer zu beschreiben. Recht nahe kommt dem – wie schon erwähnt – ein Brummkreisel, der sich um seine eigene Achse dreht. Entdeckt wurde der Spin an Elektronen im Jahr 1925. Teilchen mit Spin ½ können sich nur rechts- oder linksherum drehen. Ein Elektron dreht seine Pirouetten also nur in diesen beiden Richtungen. Man spricht dabei vom Spin-up- oder Spin-down-Zustand. In welche Richtung die Kleinen sich drehen, ist gänzlich unbestimmt, solange man sie nicht beobachtet.

Sofern man den Spin eines Teilchens ermitteln will, betrachtet man die Wechselwirkung des Quarks mit anderen Teilchen oder Feldern.

Zu jedem Quark gibt es ein Antiquark, das dem Quark bis auf die entgegengesetzte Ladung entspricht.

Es ist zwar schwer verständlich, aber Teilchen, die sich aus Quarks zusammensetzen, sind stets schwerer als die Summe der Quarkmassen, was mit den diversen, Energie erzeugenden Interaktionen der Quarks zusammenhängt (wie bereits unter 3.1. erwähnt).

Die Quarks findet man immer in Dreiergruppen. Werden sie auseinandergerissen, bilden sich neue Paare und es entstehen diverse andere Teilchen.

## Leptonen

Wie bereits erwähnt, sind auch die Leptonen ein grundlegender Baustein der Materie. Es gibt sechs Arten von Leptonen. Alle Leptonen haben einen Spin von ½ und gehören daher zu den Fermionen.

Je Generation existieren ein massives, geladenes Teilchen und jeweils das zugehörige Neutrino. Myon und Tau unterscheiden sich vom Elektron lediglich durch ihre Masse. Beide dieser schweren Teilchen sind sehr instabil und zerfallen äußerst schnell in Elektronen und Neutrinos (auch ‚Geisterteilchen' genannt).

Sie unterliegen der schwachen Wechselwirkung, der Gravitation und, wenn sie elektrische Ladung tragen, der elektrischen Wechselwirkung.

Interessant ist, dass Neutrinos, obwohl diese eine von null verschiedene Masse besitzen (etwa 1/500.000 eines Elektrons), teilweise problemlos durch eine Felswand oder gar die Erde hindurch rasen.

Von den aus der Sonne stammenden Neutrinos durchqueren jede Sekunde ca. 60 Milliarden jeden Quadratzentimeter Ihres Körpers mit annähernder Lichtgeschwindigkeit, ohne dass Sie irgendetwas davon bemerken. Dies ist insofern erstaunlich, als die Winzlinge der Gravitation unterliegen. Jedoch ist diese so schwach, dass dies ohne Bedeutung ist.

**Eichbosonen**

Die Eichbosonen sind die Träger der Wechselwirkungen und vermitteln die Grundkräfte. Sie werden von einem Teilchen ausgesandt und von einem anderen empfangen, weshalb sie auch ‚Austauschteilchen' genannt werden. Man unterscheidet die Eichbosonen in acht Gluonen, die für die Starke Wechselwirkung *(Kleber)* zwischen den Quarks zuständig sind, ein Photon für die elektromagnetische Wechselwirkung und drei Bosonen ($W^+$, $W^-$, $Z$) für die Schwache Wechselwirkung.

Theoretisch kann man jede Grundkraft auf einen Transfer von Eichbosonen zwischen Materieteilchen zurückführen. Die Bosonen selbst sind dabei masselos. Eine Ausnahme bilden lediglich diejenigen der Schwachen Kernkraft. Sie wechselwirken mit dem Higgsfeld und bekommen so eine Masse.

Anzumerken ist, dass die Bosonen stets einen ganzzahligen Spin haben.

**Higgs-Teilchen**

Lange Zeit war ungewiss, woher Teilchen ihre Masse bekommen. Konkret lautete die Frage: Wie kam die gewöhnliche, sichtbare Masse von ca. $10^{53}$ Kilogramm ins Universum? Bekannt war, dass der größte Teil der Massen aus der starken Bindung zwischen den Quarks hervorgeht. Daher sind die Massen der Baryonen auch hundertmal schwerer als die ihrer drei Quarks. Woher aber die Quarks selbst oder etwa das Elektron ihre Masse erhalten, war ein Rätsel – der letzte noch fehlende Baustein im Standardmodell der Teilchenphysik. Es gab die Theorie, dass Teilchen diese durch Wechselwirkungen mit einem Feld erhalten. Um das Standardmodell zu vervollständigen, gab es daher schon seit den 1960er-Jahren ein hypothetisches Austauschboson, das Higgs-Teilchen. Letztendlich entdeckt wurde es 2013 mithilfe des Large Hadron Colliders. Wie schwierig die Suche nach diesem Teilchen war, wird leicht verständlich, wenn man bedenkt, dass es lediglich eine Lebensdauer von ca. $10^{-25}$ Sekunden hat, bis es in andere Elementarteilchen (Photonen, Z- und W-Bosonen) zerfällt.

Unterschiedliche Massen kommen dadurch zustande, dass die verschiedenen Teilchen unterschiedlich mit dem Higgsfeld wechselwirken. Manche von ihnen zischen daran vorbei und erhalten somit keine Masse, andere tauchen etwas tiefer oder ganz tief ein. So ist ein Elektron leichter als ein Myon oder das TOP-Quark schwerer als alle anderen Elementarteilchen. Das Higgs-Teilchen ist elektrisch neutral und besitzt den Spin 0.

# 15 Quantenfelder

Albert Einstein: „Wir können daher Materie als den Bereich des Raumes betrachten, in dem das Feld extrem dicht ist. In dieser neuen Physik ist kein Platz für beides, Feld und Materie, denn das Feld ist die einzige Realität."[28]

Quantenfelder? So etwas Abgefahrenes interessiert Sie nicht? Wetten, dass! Sie wissen doch, Quant für Quant.

Das Standardmodell ist in der theoretischen Physik eine Quantenfeldtheorie.

Aus der Perspektive der theoretischen Physik stehen aktuell also nicht mehr verschiedene Teilchen im Fokus, sondern die fundamentalen Objekte sind Felder.

Die Quantenfeldtheorie ist das Beste vom Besten, was wir im Moment seitens der Wissenschaften bei der Suche nach einer Beschreibung der Natur haben. Sie geht weit über die Quantenmechanik hinaus, indem sie Teilchen und Felder identisch beschreibt. Alle Felder sind ebenfalls quantisiert, können also nur in diskreten Paketen verändert werden. Man nennt dies ‚die zweite Quantisierung‘.

Wie wir gesehen haben, sind die Grundbausteine der Natur ausgesprochen abstrakt und unklar. Dass die Welt aus Quarks und Elektronen besteht, die wie in einem sphärischen Legobauwerk Stein für Stein zusammengebaut sind, haben wir ja schon längst ad acta gelegt. Aber aus was besteht sie dann?

Nun, die Welt ist noch geheimnisvoller und widersprüchlicher, als man denkt. Es gibt Felder, die über den gesamten Kosmos verteilt sind.

Man kann sich die Gesamtheit der Felder als flüssigkeitsähnliche Substanz vorstellen, die sich kräuselt und in verschiedene Richtungen schaukelt.

Beispielhaft gibt es überall im Raum ausgebreitet ein Elektronenfeld. Alle bestehenden Elektronen sind aus diesem Feld und alle sind sie ein Energiepaket dieses Feldes.

Auch alle Elektronen in unserem Körper sind Wellen, Anregungen desselben zugrundeliegenden Feldes. Ein Elektron gibt es solange nicht, bis das entsprechende Elektronenfeld erregt wird und ein Teilchen – eine örtliche Verdichtung des Feldes – entsteht. Es gibt natürlich auch ein Feld für Up-Quarks und Down-Quarks und für alle anderen Teilchen. Es sind also Felder, denen alles entspringt. Ob wir wollen oder nicht, müssen wir uns damit abfinden, dass es in unserer Welt keine Teilchen gibt. Teilchen sind nur Kräuselungen der Felder, gebündelt in kleinen Paketen aus Energie. **Alles, was existiert, ist das Ergebnis von Quantenfeldern und alles, was miteinander wechselwirkt, tut dies durch Quantenfelder.** Auch der Mensch basiert auf Kräuselungen diverser Felder.

Insgesamt gibt es zwölf Felder, welche die Materie erzeugen, und vier Kraftfelder, welche die Wechselwirkung zwischen den Teilchen vermitteln. Die Welt ist nichts anderes als die Kombination dieser 16 Felder. Was wir als elektronische Ladung des Elektrons verstehen, ist die Aussage darüber, wie das Elektronenfeld mit dem elektromagnetischen Feld wechselwirkt. Eine Aussage zu seiner Masse ist, wie es mit dem Higgsfeld wechselwirkt.

> *Wir alle bestehen letztendlich aus Kräuselungen diverser Felder.*

# 16 Casimir-Effekt

Selbst ein Vakuum ist voll mit Feldern. Aufgrund der Unschärfetheorie kann die Energie im Vakuum ja nie null sein. Es müssen Energieschwankungen auftreten. Auf diese Weise können auch im Vakuum für eine kurze Zeitdauer aus den Feldern virtuelle Teilchen und Antiteilchen entstehen und in unserer ‚leeren‘ Kiste herumtanzen. Dabei wird der Energieerhaltungssatz nicht verletzt, denn die Teilchen leihen sich die Energie nur für einen extrem kurzen Zeitraum aus. Beim Auslöschen wird die Energie wieder zurückgegeben. Quantenfluktuationen sind mensurabel, also experimentell gesichert.

Ein Beispiel für den Nachweis dieser Fluktuationen ist der sogenannte Casimir-Effekt, der nach dem niederländischen Physiker Hendrik Casimir (*1909; †2000) benannt wurde. Dieser hatte in der ersten Hälfte des letzten Jahrhunderts vorausgesagt, dass zwei einander im Vakuum extrem nah gegenüberstehende, leitende Metallplatten – zusätzlich zur schwachen gravitativen – durch eine Kraft aus dem ‚Nichts‘ zusammengedrückt werden.

Viele Forscher konnten dies inzwischen experimentell bestätigen. Sie stellten fest, dass es in der äußeren Umgebung der Platten Teilchenfluktuationen gibt, die sich von denen zwischen den Platten unterscheiden. Außerhalb der Platten können die Teilchen jeden beliebigen Impuls annehmen, zwischen den Platten aber nur ein diskretes Impulsspektrum, das dem Mehrfachen einer halben Wellenlänge entspricht. Innen sind also nicht alle virtuellen Teilchenzustände erlaubt. Da es somit außen mehr virtuelle Teilchen gibt als zwischen den Platten, ergibt sich durch die Reflexion eine Druckdifferenz, welche die Platten zusammendrückt.

# 17 Quanten-Zeno-Effekt

Archimedes: „Miss alles, was sich messen lässt, und mach alles messbar, was sich nicht messen lässt."[29]

Können Sie Wasser, das auf dem Herd steht, durch Hinsehen am Kochen hindern? In der klassischen Physik funktioniert das nicht. In unserer Quantenwelt gelingt Derartiges durchaus.

Wie wir gesehen haben, entzieht sich die Vielschichtigkeit von Teilchen stets unserem Zugriff, sofern sie beobachtet werden. Einen Einblick in ihre bizarre Welt zu nehmen, war lange Zeit weitestgehend ausgeschlossen. Zwei Physikern, Serge Haroche (*1944) und David J. Wineland (*1944), ist dies schließlich doch gelungen: Beide Forscher entwickelten Methoden, um Teilchen zu messen, ohne deren quantenmechanischen Zustand zu zerstören. Man könnte sagen, sie haben die tote und lebende Katze gleichzeitig beobachtet.

Haroche sperrte dazu Photonen in einer verspiegelten Box ein. Hier schwirrten sie in einer Zehntelsekunde eine Milliarde Mal zwischen den Spiegeln hin und her (entspricht 30.000 Kilometern!), bevor sie verschluckt wurden. In dieser kurzen zur Verfügung stehenden Zeit schickte er ein Atom durch dieses Lichtfeld. Aus den messbaren Eigenschaften des Atoms konnte er rückwärts konkret ableiten, welche Quanteneigenschaften die Photonen haben. Die Lichtteilchen haben bei diesem Prozess ihre Eigenschaften nicht verloren.

Wineland setzte geladene Atome in elektrischen Feldern fest und legte einen Impuls an, der das System in einen angeregten Zustand bringen sollte. Die Eigenschaften wurden laufend mit Ultraviolettimpulsen gemessen. Diese Messungen konnten den Übergang des quantenmechanischen Systems in ein angeregtes Stadium unterdrücken.

Die Experimente basieren auf einer verblüffenden quantenmechanischen Konsequenz, dem Quanten-Zeno-Effekt. Dieser besagt, dass man den Übergang eines quantenmechanischen Systems von einem Zustand in einen anderen durch stetige Messungen aufhalten kann.

Lässt man ein System in Ruhe, ändert sich dieses mit der Zeit und die Wahrscheinlichkeit, es im selben Zustand zu beobachten, wird sehr schnell immer kleiner. Misst man es aber in einer kurzen Zeitabfolge immer wieder, so ist die Wahrscheinlichkeit, das System im selben Zustand zu finden, groß. Misst man es kurz genug hintereinander, wird sie bei nahe 1 bleiben. Je öfter man misst, desto wahrscheinlicher ist es, dass sich der quantenmechanische Zustand nicht ändert.

Für die fantastischen Einblicke in die Welt der Quanten haben beide Physiker im Jahr 2012 den Nobelpreis für Physik erhalten.

# 18 Die spukhafte Fernwirkung

Albert Einstein: „Es scheint hart, dem Herrgott in die Karten zu gucken, aber dass er würfelt und sich telepathischer Mittel bedient, kann ich keinen Augenblick glauben." [30]

| | |
|---|---|
| Ver-schränkung | In der Quantenphysik spricht man dann von Verschrän-kung, wenn ein komplexes System in der Gesamtheit be-trachtet einen wohlbekannten Zustand einnimmt, man den Teilsystemen aber keinen Zustand zuweisen kann |

Erläuterung 7: Verschränkung

Eines der verblüffendsten Phänomene der Quantenphysik ist die Verschränkung, die sich aus den Gleichungen der Quantenmechanik ergibt.

Zum Einstieg in dieses Thema bleiben wir in der klassischen Physik. Nehmen wir doch Schrödingers Lieblingstiere. Wir verpacken eine schwarze und eine weiße Stoffkatze in absolut identische Päckchen. Eines der verschlossenen Päckchen wählen wir danach aus und senden es an einen Freund in New York. Bevor unser Freund in New York das Tierchen aus der Schachtel nimmt, weiß er nicht, ob er die weiße oder die schwarze Katze erhalten hat. Die Wahrscheinlichkeit liegt bei 50 Prozent Schwarz und 50 Prozent Weiß. Unser Paket zuhause weist dieselben Wahrscheinlichkeiten auf.

Nun packen wir das Päckchen aus und heraus kommt die schwarze Katze. Wir wissen nun sofort – und dies ohne jegliche Kommunikation –, dass unser Freund in den USA die weiße Katze auspacken wird.

Alles glasklar. No problem.

Bei unseren Päckchen war mit Auswahl und Versand festgelegt, welche Katze in New York landet.

Nun nehmen wir zwei Würfelbecher mit einem gezinkten Würfel pro Becher. Mit jedem Würfel kann jeweils nur eine 1 oder eine 6 geworfen werden. Einen Becher mit Würfel senden wir unserem Freund in New York zu. Telefonisch verbunden, würfelt er eine 1, wir auch, er eine 6, wir eine 1, er eine 6, wir auch eine 6 und so fort. Also keine besonderen Vorkommnisse.

Und jetzt machen wir den Versuch mit zwei verschränkten Würfeln. Es kann sowohl die 1 als auch die 6 geworfen werden.

Sofern unser Mann in USA eine 1 würfelt, und wir schauen anschließend unter unseren Becher, dann erscheint bei uns die 6. Würfelt er eine 6, erscheint nach dem Anheben des Bechers bei uns die 1. Decken wir als Erstes eine 1 auf, findet er die 6 unter dem Becher. Solange wir auch würfeln, es erscheint immer das Pärchen 1/6.

Wie abgefahren ist denn das? Die Ergebnisse sind nicht mehr voneinander unabhängig. Sprechen sich die Würfel ab? Kann es so etwas geben?

Die Antwort lautet: Makroskopisch – ob Katze oder Würfel – funktioniert das nicht. Und in der verrückten Quantenwelt? Selbstverständlich.

Schnappen wir uns ein energiereiches Photon Z und leiten es per Laser durch einen speziellen Kristall. Es entstehen zwei Photonen X und Y mit geringerer Energie, deren Gesamtenergie aber wieder der ursprünglichen Energie entspricht. Beide Photonen tragen nun alle Informationen mit sich und sind verschränkt. Sie bilden ein System.

Die mögliche Polarisation unseres Pärchens, also die Schwingungsrichtung, sei horizontal und vertikal. Beide schwingen also immer entgegengesetzt.

Wie Sie ja bereits wissen, existieren in der Welt der Quanten mehrere gleichberechtigte Zustände gleichzeitig und nebeneinander. Auch die Verschränkung von Zuständen ist ein Resultat der Superposition. Bis zum Zeitpunkt der Messung können die Teilchen alle möglichen Eigenschaften gleichzeitig besitzen. In unserem Beispiel schwingen sie sowohl horizontal als auch vertikal. Niemand weiß vorher, wie die Messung ausgeht. Es lässt sich lediglich eine Aussage zur relativen Wahrscheinlichkeit für das Auftreten der Polarisation treffen. Erst mit der Messung – und nicht vorher – legt sich das Universum fest. Messen wir Teilchen X, lösen wir die Superposition unmittelbar auf und die Eigenschaften beider Teilchen werden sofort bestimmt. Messen wir bei X eine horizontale Schwingung, dann nimmt Y – obwohl seine Polarisation vorher nicht festgelegt war – sofort die vertikale Schwingung an und umgekehrt. Ändert man danach die Polarisation eines Photons nochmals, ändert das andere Photon augenblicklich diese auch.

Woher weiß dieses Photon, wie sich das andere verhalten wird beziehungsweise welche Polarisation es hat? Es scheint, als würden sich die Teilchen bezüglich des Messergebnisses austauschen.

Wir können auch einen Versuch mit zwei verschränkten Elektronen anstellen, die beide einen Spin im oder gegen den Uhrzeigersinn annehmen können und sich in extrem großer Entfernung (ein Lichtjahr) voneinander befinden. Zeigt nun ein Elektron bei der Messung seinen Spin, so zeigt das andere Elektron sofort und ohne Zeitverzögerung den entgegengesetzten Spin. Eine räumliche Trennung spielt demnach keine Rolle. Die Elektronen können sich über riesige Distanzen – eigentlich in beliebiger Entfernung – gegenseitig beeinflussen.

Man kann sich nun fragen, ob es von Elektron 1 zu Elektron 2 vielleicht eine Informationsübertragung gibt. Dies ist nach der speziellen Relativitätstheorie allerdings nicht möglich. Kein Signal kann schneller sein als die Lichtgeschwindigkeit. Eine Information würde also mindestens ein Lichtjahr benötigen, um zum Partner zu gelangen.

Alles funktioniert also ohne irgendwelche Informationen und in jeder beliebigen, räumlichen Entfernung. Die Änderung der Eigenschaften ist nicht an das kosmische Tempolimit, die Geschwindigkeit des Lichts gebunden, sondern erfolgt wahrscheinlich instantan, also unverzüglich (mit unendlicher Geschwindigkeit).

Nachweislich und heute belegt ist eine 50.000-fache Lichtgeschwindigkeit, also: Bei einem Lichtjahr Entfernung ändert sich der Zustand spätestens in zehn Minuten und nicht erst in einem Jahr.

Die Teilchen – es können auch mehr als zwei Teilchen sein – gehen eine Lebensabschnittspartnerschaft ein und sind über riesige Entfernungen untrennbar miteinander verbunden. Allerdings nicht physisch. Es sind nicht die Quanten, sondern die Eigenschaften der Teilchen, welche verknüpft sind. Einen klar definierten Zustand der einzelnen Teilchen kann man nicht mehr aufzeigen. Verschränkte Teilchen können somit nicht mehr als unabhängige Quanten betrachtet werden. Es sieht tatsächlich so aus, als wären die zwei Teilchen eins, obwohl sie sich lokal nicht am selben Ort befinden. Nur das komplexe System hat in der Gesamtheit betrachtet einen definierten Zustand, die Teilsysteme aber nicht. Das bedeutet, dass man die Teilchen nur gemeinsam beschreiben kann. Bei einer Messung ergibt sich dann stets eine Abhängigkeit der Teilchenzustände.

Um den Zauber der Verschränkung begreifen zu können, muss man sich vor Augen führen, dass dies permanent und überall im Universum geschieht. Daraus zu schließen, dass das ganze Universum miteinander verschränkt ist, wäre allerdings nicht korrekt. Die Verschränkung existiert nur so lange, bis eine Wechselwirkung mit der umgebenden Welt auftritt.

Die Quantenverschränkung ist wohl die geheimnisvollste Eigenschaft der kleinsten Teilchen. Sie rief anfangs die größten Einwände gegen die

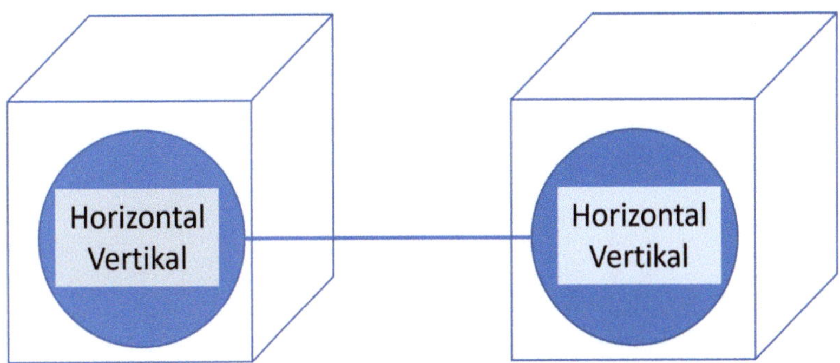


Abbildung 18: Quantenverschränkung

Quantenmechanik hervor. Auch Einstein konnte dieses quantenmechanische Phänomen anfangs nicht verstehen und nannte diese Erscheinung die ‚spukhafte Fernwirkung‘.

Ich empfehle Ihnen das Video der Universität Wien, das erstmals die Quantenverschränkung live per Kamera festgehalten hat (URL-Zeile siehe Quellenverzeichnis).

# 19 Beamen/Teleportieren

**William Shatner in der Serie Enterprise: „Beam me up, Scotty!"**

Das Beamen findet man bereits in den Perry-Rhodan-Romanen des Moewig-Verlags. Zu Berühmtheit gelangte es aber mit der Kultserie ‚Star Trek', in der Captain Kirk mittels eines Teleporters auf einen Planeten gebeamt oder – sofern Gefahr im Verzug war – blitzschnell wieder in den Transporterraum des Raumschiffes Enterprise zurückgeholt werden konnte. Die Idee zur Teleportation hatte Regisseur Gene Roddenberry, als sein Coproduzent aufgrund der enormen Kosten nach Lösungsmöglichkeiten für die optischen Effekte bei Lande- und Aufstiegsszenen nachdachte.

Würde das Beamen funktionieren, wäre dies eine großartige Sache. Wir könnten uns in kürzester Zeit an ein beliebtes Urlaubsziel oder in eine laufende Party in Sydney versetzen lassen. Kein Auto, kein Flugzeug oder Schiff wäre mehr notwendig. Ob das aber tatsächlich funktionieren kann? Sehen wir es uns an.

## 19.1 Scannen

Beginnen wir mit einem Wolkenkratzer, den wir aus Lego-Bausteinen zusammengesetzt haben. Der Turm steht bei uns im Wohnzimmer und soll exakt gleich auf unserer Lieblingsinsel Mallorca neu entstehen.

Auf Malle steht ein Baukasten zur Verfügung, der alle notwendigen Steine beinhaltet. Was wir dort zusätzlich benötigen, sind diverse Informationen, wie unser Hochhaus exakt beschaffen ist. Wir beginnen unseren Turm abzubauen. Angefangen wird an der Spitze und wir notieren: Ein 4er-Stein rot, mittig auf zwei 8er-Steine gesetzt. Die 8er-Steine sind weiß und liegen in Nord-Süd-Richtung. Wir schreiben mit, bis der Wolkenkratzer komplett zerstört ist. Anschließend teilen wir unserem Gegenüber auf der Insel den exakten Bauplan mit und es ist für ihn ein Leichtes, das Objekt dort wieder aufzubauen.

Nun, müssen wir denn wirklich alles abbauen? Denkbar wäre es ja auch, dass wir einen 3D-Scanner entwickeln, welcher sämtliche Daten analysiert, ermittelt, speichert und weitergibt.

Nehmen wir doch gleich Ihre Person. Ein neuartiger Scanner ermittelt alle ihre quantenmechanischen Eigenschaften, wie etwa die Wechselwirkung, den Bewegungszustand, die Art des Atoms (z. B. Wasserstoff), dessen Verbindungen sowie eine Ortsinformation (Nasenspitze) und übermittelt die paar Datensätze (dies sind ja nicht so viele bei den $10^{28}$ Atomen aus denen Sie bestehen) an einen Mechanismus an Ihrem Urlaubsort. Dort werden Sie mittels eines technischen Gerätes aus einem Quantenbaukasten wieder zusammengesetzt.

Nun, das Ganze scheitert alleine schon daran, dass es keinen Rechner gibt, der dies leisten könnte. Auch wenn wir die Leistung aller auf der Erde existierenden Rechner nutzen würden, es funktioniert schlicht und ergreifend nicht. Wir würden in etwa eine Datenverarbeitungsanlage in der Größe unseres Planeten Erde benötigen. Falls wir die Daten auf gestapelten CD-Roms speichern wollten, wären dies so Pi mal Daumen $10^8$ Yottabyte und wir bekämen einen Turm mit ein paar Lichtjahren Höhe. Nur ein Menschchen und doch so eine Menge an benötigter Information.

Beim Scannen ist allerdings zu beachten, dass wir lediglich Informationen zur Person weiterleiten, diese an sich aber am Ursprungsort fortbesteht. Wir schaffen also einen Klon. Dies entspricht nicht dem Beamen, denn in Star Trek verschwindet der Captain inklusive aller Atome aus dem Raumschiff und taucht an anderer Stelle wieder auf.

Der gute Kirk wird in seine Bausteine und in alle ihrer Verbindungen „entmaterialisiert" und an seinem Ziel wieder zusammengesetzt.

## 19.2 Teleportation von Materie

Sollten wir den Menschen nun nicht nur scannen, sondern tatsächlich teleportieren wollen, so müssen wir diesen im ersten Schritt – ähnlich wie bei unserem Lego-Gebilde – in seine Einzelteile zerlegen. Zum Beispiel müssen Molekülverbindungen in einzelne Atome aufgebrochen werden und im zweiten Schritt sind die Atome in ihre Bausteine aufzulösen. Die Informationen sind analog dem Scannen zu erfassen. Dann übertragen wir die Materie mittels Strahlung. Elektromagnetische Strahlung scheidet aus, da sie weder Baryonen noch Leptonen übertragen kann. Wir übertragen mittels Teilchenstrahlung. Am Ort B wird der Mensch anhand eines technischen Mechanismus – sofern unterwegs nichts verloren ging – wieder hergestellt.

Könnte so etwas in Zukunft machbar sein. Was meinen Sie?

Ich persönlich denke nein. Einige Punkte sprechen dagegen.

- Schon beim Entmaterialisieren und Festlegen der Quantenzustände erhalten wir – wie beim Scannen – eine unvorstellbare Datenmenge und benötigen daher eine zumindest zurzeit nicht realisierbare Rechnerleistung.
- Die Teleportation eines Menschen würde Stand heute Millionen von Jahren dauern
- Bereits um die Atome aus ihren Bindungen zu lösen, benötigen wir einige Milliarden Grad Celsius. Da bliebe nicht viel von uns übrig.
- Die benötigte Energie wäre enorm. Mehr als die ganze Menschheit gegenwärtig produziert.

> Nach der Heisenbergschen Unschärferelation schließt sich eine exakte Messung von Ort und Impuls eines subatomaren Partikels aus. Die Daten wären zu ungenau. Exakte Eigenschaften aller unserer Atome können wir also per Naturgesetz gar nicht zusammentragen. Zudem verändert der Scan für immer die atomaren Merkmale.

Aus heutiger Sicht wird es mit dem Beamen wohl nichts werden. Wir können bewegte Bilder oder ganze Musikstücke – in diesem Fall mit Wellen – von A nach B übertragen, mit Materie ist dies aber nicht machbar. Manche Wissenschaftler meinen dennoch, dass man im nächsten Jahrhundert – gegebenenfalls in leicht abgeänderter Form – beamen kann. Allen voran der bekannte amerikanische Physiker Michio Kaku.

## 19.3 Quantenteleportation

Nun, wir haben gesehen, was alles nicht geht. Aber wie immer können die Quanten einen Tick mehr, als wir denken.

Ein sehr rudimentär wiedergegebenes, dafür aber verständliches Experiment ist folgendes:

Nehmen wir drei Lichtteilchen namens Ernie, Bert und Elmo. Ernie hat als Eigenschaft eine waagrechte Polarisation, er schwingt also waagerecht.

Im ersten Schritt verschränken wir Photon Bert mit Photon Elmo. Die Polarisation dieser beiden Teilchen ist nicht bekannt, spielt aber auch keine Rolle. Nun senden wir Photon Elmo in eines der Nachbarlabore, wo es sich – weiterhin verschränkt – in Wartestellung befindet. Im zweiten Schritt verschränken wir die im Raum gebliebenen Ernie und Bert.

Es passiert jetzt folgendes: Die Verschränkung des ersten Pärchens (Bert und Elmo) verschwindet, löst sich auf, und die Eigenschaft von Ernie (waagerechte Polarisation) wird bei ihm gelöscht und auf den wartenden Elmo übertragen, sozusagen transplantiert. Diese Übertragung erfolgt instantan. Im Nachbarlabor verliert Elmo seine ursprünglichen Eigenschaften und es entsteht nicht nur die waagrechte Schwingungsrichtung, sondern eine hundertprozentige Reproduktion, sozusagen eine „genetische" Kopie von Ernie.

Es drängt sich die Frage auf: Ist Elmo jetzt Ernie? Nun diese Frage müssen wir wohl an die Deutsche Gesellschaft für Philosophie weitergeben.

Bei einer Quantenteleportation wird weder Energie noch Materie übertragen. Physisch von A nach B beamen lassen sich die Teilchen nicht. Es werden aber Informationen zu Quantenzuständen (etwa die Polarisation) von A nach B übertragen.

Die Information geht dabei nicht auf Reisen, sondern sie verschwindet am Punkt A und taucht bei Punkt B auf. Die Teleportation ist an die Lichtgeschwindigkeit gebunden, da im Rahmen des vollständigen Versuchs, ein Messergebnis über einen klassischen Kommunikationskanal weitergeleitet werden muss.

Es gab in den letzten Jahren sehr intelligente Experimente auf große Entfernungen, wie eine auf optischen Systemen basierende Quantenteleportation von La Palma nach Teneriffa (143 km) oder solche von der Erde auf einen in 500 km Höhe fliegenden Satelliten. Diese haben bestätigt, dass die Teleportation nicht nur im Labor, sondern auch über große Strecken möglich ist.

Es ist auch schon gelungen ganze Atome zu verschränken und Zustände zu teleportieren. Mister Beam, der österreichische Professor der

Physik, Anton Zeilinger vertritt gar die Auffassung, dass bereits in naher Zukunft mit der Verschränkung von Molekülen zu rechnen ist.

Sofern man die Quantenverschränkung in ferner Zeit auch zur Teleportation eines Menschen nutzen will, könnte man zwei Teilchenkammern an unterschiedlichen Orten aufstellen und die Quantenzustände an A entnehmen und an B wiederherstellen. Theoretisch entsteht dann dort eine exakte Kopie des Menschen. An A wird das Original allerdings zerstört. Es bleibt lediglich ein großer Haufen von Photonen, Protonen und Elektronen übrig. Sollte bei der Übertragung aber etwas schieflaufen, na dann prost Mahlzeit.

Die Teleportation bietet bereits in absehbarer Zeit vielfältige Möglichkeiten an wissenschaftlichen Anwendungen. An vorderster Stelle rangieren hier die kryptografischen Verfahren, bei denen man die quantenmechanischen Effekte für moderne, „unknackbare" Verschlüsselungssysteme nutzt. Verschränkte Quantenzustände übernehmen hierbei den Austausch der als Basis dienenden Einmalschlüssel zwischen den Kommunikationspartnern.

# 20 Der Tunnel

Ivar Giaevers: Er erhielt den Physik-Nobelpreis für seine Entdeckungen im Rahmen des Tunnel-Phänomens bei Halb- und Supraleitern.

**„Die Natur ist für den Menschen wie der Kühlschrank für einen Hund: Er weiß, dass Futter drin ist, aber er wird nie verstehen, wie der Kühlschrank funktioniert."** [31]

Der Tunneleffekt ist eine direkte Folge der Energieunschärfe.

Er wurde 1926/1927 von Friedrich Hund (*1896; †1997) entdeckt und dargelegt.

Gehen wir zunächst wieder in die klassische Physik und sehen uns zum besseren Verständnis zwei Szenarien an.

Wir nehmen eine Tennis-Ballmaschine und lassen diese über einen längeren Zeitraum Tennisbälle auf eine 20 Meter hohe Betonmauer schießen. Wir haben 5000 Bälle, welche immer wieder zurückprallen und in einem Netz aufgefangen werden. Beim Laden des Automaten stellen wir irgendwann fest, dass einer der Bälle fehlt.

Merkwürdigerweise liegt dieser nicht neben unserem Netz, sondern befindet sich hinter der Mauer. Obwohl an der Mauer selbst kein Durchschuss zu erkennen ist, hat der unversehrte Ball diese wohl dennoch durchdrungen.

In Szenario zwei haben wir eine Kegelkugel, welche Sie mit einmaligem Anschieben über einen Hügel rollen wollen. Sie müssen der Kugel beim Anschubsen so viel Energie mit auf den Weg geben, dass diese an A vorbei über den Gipfel B läuft und dann den Berg hinunterrollen kann.

Bewegt diese sich schon anfangs zu langsam, wird sie den Scheitelpunkt nicht erreichen und wieder zu Ihnen zurückrollen.

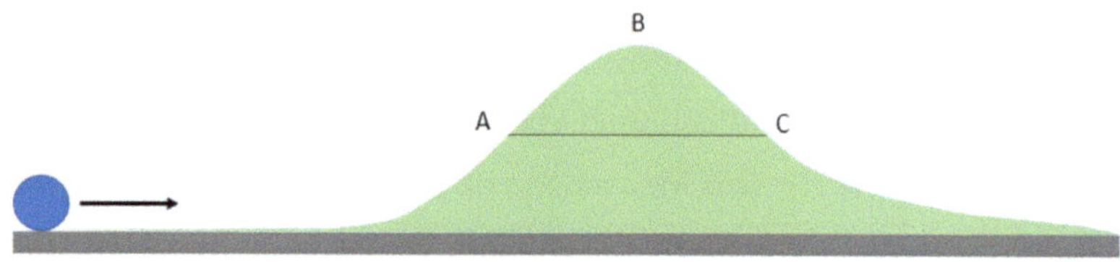


Abbildung 19: Der Tunneleffekt

Es wird Sie nicht mehr erstaunen, aber der Quantenmechanik folgend, könnte sowohl der Tennisball hinter der Mauer liegen, als auch unsere Kegelkugel – obwohl diese nicht genug Energie besitzt – am Punk C auftauchen. Realistisch wird dies aber nicht geschehen. Auch für große Massen ist die Wahrscheinlichkeit dafür zwar ungleich Null, aber verschwindend gering. Alle Teilchen des Objektes müssten dafür zufällig, vollkommen ungesteuert, um die gleiche Strecke in dieselbe Richtung springen

Ein einzelnes Quant kann dies ab und an aber sehr wohl. Seine Chancen stehen dabei gar nicht so schlecht. Nehmen wir statt der Kugel ein Elektron, so kann dieses, obwohl es mit seiner Energie höchstens den Punkt A erreicht, durchaus bei C auftauchen. Es scheint dann so, als benutze das Teilchen einen verborgenen Tunnel, um von A nach C zu gelangen. Das Teilchen geht allerdings nicht durch den Berg hindurch, was an sich schon sehr bemerkenswert wäre, sondern es verschwindet an einem Ort und taucht an einem anderen Ort wieder auf. Zwischen diesen beiden Orten – also der Strecke von A nach C – war es zu keiner Zeit.

Der Tunneleffekt ist ein quantenmechanisches Phänomen. Er sagt aus, dass ein Teilchen eine Potentialbarriere (in obigen Szenarien Wand, Berg) auch dann überwinden kann, wenn seine kinetische Energie geringer ist als die endliche „Höhe" (potenzielle Energie) der Barriere. Elektronen etwa werden von den geladenen Atomkernen angezogen und im Atom gehalten. Die elektrische Kraft bildet eine Art Mauer. In der Regel reicht die Energie des Elektrons nicht aus, um diese „Mauer" zu überwinden, es gibt aber durch das Betragsquadrat der Wellenfunktion eine kleine Wahrscheinlichkeit dafür, dass es diese durchtunnelt. Die Wahrscheinlichkeit dafür nimmt jedoch exponentiell mit der Höhe und „Dicke" des Walls ab. Der Effekt taucht auch nur bei einer kurzen Entfernung, extrem kurzen Zeitabschnitten oder nur bei hoher Energie auf.

Die Kernfusion in der Sonne und in anderen Sternen ist nur dank dieses Effektes möglich. Er ermöglicht auch den Alpha-Zerfall. Der Tunneleffekt von Atomen lässt chemische Reaktionen schneller ablaufen. Durch das Auftreten von Protonentunneln in der DNA ist er verantwortlich für Spontan-Mutationen.

Der Tunneleffekt ist in der modernen Welt der Technik längst angekommen. USB-Sticks, Speicherkarten, Rastertunnelmikroskope, Halb- und Supraleiter, ... nutzen dieses Phänomen.

# 21 Quantentechnik

Jürgen Köditz: „**Für so manche Schlüsseltechnologie muss der Schlüssel erst noch gefeilt werden.**"[32]

Wir alle leben in einer Welt der Quanten, ohne dies wahrzunehmen. Wir vertrauen uns der Quantentheorie weitestgehend blind an, obwohl diese eine Welt mit sehr unsicheren, unbeständigen Erscheinungsformen ist und teilweise paradoxe Eigenschaften beschreibt.

Kein Wunder, das Verhalten atomarer Teilchen ist mittlerweile so nachweislich zuverlässig, dass ganze Industrien darauf bauen. Die Quantenphysik stellt die bedeutendste wissenschaftliche Theorie in unserer modernen Welt dar.

Ihre Anwendungen sind ein konkreter Faktor in unserem Leben geworden. Steigen wir in ein Auto ein, sehen wir Fernsehen oder hören Radio, immer regiert die Quantenphysik mit. Auch wenn wir den Computer hochfahren, mit dem Handy kommunizieren oder dem GPS folgen, beruhen diese Technologien auf der Quantentechnik.

Die Quantenphysik ist die mit dem größten Erfolg gekrönte Technologie der vergangenen 100 Jahre, denn alle digitale Elektronik beruht auf ihr. Etwa ein Drittel des aktuellen US-amerikanischen Bruttoinlandsproduktes basiert auf Erfindungen, welche durch sie ermöglicht wurden.

Aber die Quantenphysik weist noch ein riesiges Potenzial an nicht ausgeschöpften technologischen Möglichkeiten auf. Zum Beispiel die Weiterentwicklung des Quantencomputers, neue Verschlüsselungstechniken, das laserbasierte Quanteninternet über Satelliten, neue Möglichkeiten durch Quantensensorik (etwa beim autonomen Fahren), Quantenmaterialien für Fotovoltaikanlagen oder noch leistungsfähigere Elektronikbausteine.

Diese neuen Technologien werden sowohl die Wirtschaft als auch die Gesellschaft noch einmal fundamental ändern und auch das 21. Jahrhundert wird wieder ein Jahrhundert der Quantenphysik werden.

# 22 Laser

Der Laser war eine der bedeutendsten Erfindungen des letzten Jahrhunderts. Er ist nun 60 Jahre alt und fasziniert noch immer. Erste Hinweise auf die stimulierte Emission, welche dem Laser zugrunde liegt, kamen bereits 1917 von Albert Einstein. In den 1950er Jahren zeigte dann der amerikanische Physiker Charles H. Townes (*1915; †2015), dass auf der Basis dieses Effektes eine bemerkenswerte, neuartige Lichtquelle gebaut werden kann. Der erste formell belegte Laserstrahl, der Pink Ruby, wurde von Theodor H. Maiman (*1927; †2007) 1960 in seinem Labor in Malibu gezündet. Er wurde mittels eines künstlichen Rubins und einer Xenon-Blitzlampe eines Fotoapparates erzeugt. Erste Anwendungen der neuen Erfindung erfolgten in den 1970er- und 1980er Jahren. Im industriellen Bereich gab es anfänglich diverse Laserbearbeitungen, privat wurden Laserpointer, welche zu dieser Zeit im Übrigen noch einige hundert Mark kosteten, benutzt. Aber auch die ersten Show Laser in Discotheken und auf den Konzerten von Pink Floyd oder The Who kamen zum Einsatz. Im Film wurde der Laser durch das Lichtschwert in George Lucas Star Wars Episoden bekannt. Wie rasant die Entwicklung des Lasers fortschreitet zeigte sich treffend im Virtual-Reality-Konzertspektakel Abba Voyage, wo die Mitglieder der Gruppe auf der Bühne durch Avatare ersetzt werden.

Um die Funktionsweise des Lasers zu verstehen, müssen wir wieder in die Welt der Quanten eintauchen. Nach deren Gesetzen findet die Abgabe von Licht vollkommen zufällig statt. Zeitpunkt und Richtung sind unbestimmt, feststeht nur die Energie. Dies bedeutet, dass ein Atom, welches überschüssige Energie besitzt, ohne weiteres Zutun irgendwann spontan Licht aussendet. Um dies beim Laser in geordnete Bahnen zu bringen, werden Atome in einem Medium (Gas, Flüssigkeit, Kristall) dauerhaft mit einer Lichtwelle der entsprechenden Energie bestrahlt. In der Regel strahlen die Atome dann Licht ab, welches mit dem ursprünglichen im Takt schwingt und sich parallel in dieselbe Richtung ausdehnt. Durch eine Verspiegelung werden die Photonen immer wieder an den Atomen vorbeigeführt. Aus wenigen Lichtwellen werden so unzählige Abbilder mit gleichem Quantenzustand erstellt. Man erreicht damit eine lawinenhafte Verstärkung der Photonen im Lasermedium und gebündelte Strahlen, welche eine hohe Energiedichte aufweisen. Damit ein Teil des Lichts den Laser verlassen kann, ist ein Segment der Spiegel durchlässig. Auf diese Weise verliert der Laser Energie und es entsteht konzentriertes Laserlicht.

Es ist erstaunlich, aber in den großen, modernen Industrienationen hängen rund 50 Prozent des Bruttoinlandsproduktes, also der Gegenwert aller erzeugten Waren und Dienstleistungen, von der Lasertechnik ab.

Dies wird verständlich, wenn man sich vor Augen führt, wo die Technik überall eingesetzt wird.

Das punktgenaue Bearbeiten, etwa beim Schneiden, Bohren, Schweißen oder Abtragen, führt in der Fertigungstechnik zu immer exakteren Werkstücken. Auch in der Medizin finden sie durch die genaue Steuerbarkeit vielfältige Verwendung. Viele Patienten verdanken ihnen ihr Augenlicht. Laser messen Entfernungen, Geschwindigkeiten, Materialdicken und sind so in der Messtechnik nicht mehr wegzudenken. Im täglichen Leben lesen sie berührungslos optische Speichermedien wie CDs, DVDs und Discs aus oder übertragen Barcodes an der Supermarktkasse.

Auch bei der Übertragung von großen Datenmengen über weite Strecken kommen sie zum Einsatz. So ermöglichen lasergestützte Verbindungen zwischen Satelliten und den Bodenstationen eine schnelle und sichere Weitergabe von Informationen.

Insgesamt hat der Laser die technologische Entwicklung der vergangenen Jahrzehnte stark beflügelt. Das Potential seiner Verwendung ist aber längst nicht ausgeschöpft. Auch die Zukunft gehört der Lasertechnik.

Wir leben nicht nur in einem Zeitalter der Digitalisierung, sondern auch in einem Zeitalter des Lasers.

# 23 Quantencomputer

Sigbert Latzel: „Es ist nicht schlimm, dass manche Menschen wie Maschinen denken; schlimmer wäre der umgekehrte Fall."[33]

Im Jahr 1946 nahm man in den USA den ersten frei programmierbaren, vollelektronischen Universalrechner, den ENIAC in Betrieb. Das 27 Tonnen schwere Gerät mit über 17.000 Elektronenröhren sollte für das Militär ballistische Tabellen errechnen. Der Computer benötigte eine Fläche von 170 Quadratmetern und mit seinen 174 Kilowattstunden soll er beim Hochfahren die Lichter in Philadelphia zum Flackern gebracht haben. Der ENIAC konnte – sofern keine der Röhren ausfiel – 5000 Rechenoperationen in der Sekunde durchführen.

Bereits im Jahr 1955 kam von der Firma Bell der erste Computer mit Transistortechnik, der TRADIC, auf den Markt. Er war nun schon wesentlich kleiner als der ENIAC, füllte aber immer noch ein ganzes Zimmer aus. Bei einer Leistungsaufnahme von 90 Watt schaffte er bereits 1 Million logische Operationen in der Sekunde.

In den darauffolgenden Jahrzehnten folgte Innovation auf Innovation. Die Transistoren schrumpften mit jeder Chip-Generation. Die Rechner wurden dadurch immer kleiner und bereits 1996 brachten Studenten der Pennsylvania University die vollständige Rechenkapazität des ENIAC auf einem 6 × 6 Millimeter großen Microchip unter.

Auch die Geschwindigkeit der Rechner entwickelte sich rasant weiter. Dem Mooreschen Gesetz folgend haben sich die Schaltkreisbauelemente auf einem Chip etwa in 1–2 Jahren verdoppelt. Ein modernes Smartphone bringt es dank dieser Entwicklung bereits auf unvorstellbare

10 Billionen Rechenoperationen je Sekunde. In ihm steckt heute ein Rechner, welcher einen Superrechner der 70er Jahre lässig in den Schatten stellt.

Aber auch diese enorme Rechnerleistung dürfte in den nächsten Jahrzehnten mit der Entwicklung von Computern, welche in Atem beraubender Weise die Gesetze der Quantenphysik nutzen, phänomenal steigen. Quantencomputer könnten sich zum Flaggschiff der Rechner und einer Schlüsseltechnologie des 21. Jahrhunderts entwickeln. Sie werden nicht nur neuere und weitaus schnellere Rechner sein als alles uns heute bekannte, sondern sie beinhalten auch eine gänzlich neue Art, Information zu verarbeiten. Das Einsatzgebiet kann bei besonders schwierigen und komplexen Aufgaben liegen, welche ein herkömmlicher Computer – egal in welcher Größe – nicht lösen kann.

Im Gegensatz zu gängigen Computern, welche mit der klassischen Maßeinheit für Information, dem Bit arbeiten, operieren Quantencomputer mit dem quantenmechanischen Pendant, dem Quantenbit oder kurz Qubit. Während ein Bit den Zustand 0 (Strom aus) oder 1 (Strom an) annehmen und speichern kann, besteht beim Quantencomputer die Möglichkeit, dass ein Qubit aufgrund der Superposition 0 und 1 (aber auch alle Status dazwischen) diese gleichzeitig annehmen und beide Zustände aufgrund der Verschränkung auch gleichzeitig verarbeiten kann.

Die Verschränkung potenziert die Zahl der Möglichkeiten. So können zwei Qubits bereits vier Zustände parallel einnehmen, drei Qubits acht, vier Qubits 16 etc. Jedes hinzukommende Qubit verdoppelt die Rechnerleistung. Sie kennen sicher die alte Legende vom Erfinder des Schachspiels und dem indischen König Sher Khan. Als Belohnung für die Erfindung des königlichen Spiels wünschte er sich ein Reiskorn auf dem ersten Feld des Schachbretts und jeweils doppelt so viele Körner auf allen weiteren 63 Feldern. Natürlich konnte der König den Wunsch nicht erfüllen, denn allein für Feld 64 wären 9.223.372.036.854.775.808 Körner notwendig gewesen.

Sie verstehen nun sicher, dass bereits 100 Qubits alles übertreffen, was ein klassischer Computer heute leisten kann.

Mit 300 Qubits lassen sich mehr Werte speichern, als das Universum Teilchen hat.

Rechenoperationen werden beim Quantencomputer nicht Schritt für Schritt durchgeführt. Die Verschränkung von Teilchen ermöglicht das parallele Ausprobieren vieler Lösungswege. Nehmen wir beispielhaft einen Irrgarten, so wird ein herkömmlicher Computer einen Weg nach dem anderen überprüfen und nach einiger Zeit den richtigen Weg gefunden haben. Der Quantencomputer untersucht alle Wege gleichzeitig und liefert sofort den Weg nach draußen. In einer riesigen Datenbank findet der Quantencomputer die Lösung sozusagen mit einem Blick.

Erste Quantencomputer mit ein paar Qubits gab es bereits in den 1990er Jahren. 2017 konnte man an der Uni Basel bereits mit einem Quantenrechner Schere, Stein, Papier und etwas später Schiffe versenken spielen.

Es gibt zurzeit drei sehr bekannte Quantencomputer. Der Sycamore von Google ist bereits imstande eine komplexe Rechenaufgabe in 200 Sekunden zu lösen, für welche der zurzeit weltweit schnellste herkömmliche Rechner 10.000 Jahre benötigen würde. Bei Google versucht man ihm darüber hinaus beizubringen, selbstständig zu lernen, um die riesigen Datenmengen in der Suchmaschine besser in den Griff zu bekommen und damit die Internetsuche zu verbessern.

Die beiden anderen sind der IBM Quantum System One und der Honeywell H1.

Gewöhnlich ist ein derartiger Computer aus positiv geladenen Atomen (Ionen) oder supraleitenden Schaltkreisen mit Josephson-Kontakten aufgebaut. Er kann daher auf allerkleinstem Raum eine riesige Rechenleistung konzentrieren. Hierbei spielt sowohl das uns bekannte Prinzip der Superposition durch die Überlagerung aller möglichen Werte, als auch die Quantenverschränkung eine große Rolle. Letztere ermöglicht – wie schon erwähnt – eine überlichtschnelle Berechnung.

Bei den Rechnern von Google und IBM werden supraleitende Schaltungen eingesetzt, in denen Quantenzustände erzeugt werden.

Der Rechner von Honeywell verwendet dagegen einzelne Atome als Qubits. Diese werden in magnetische und elektrische Felder eingesperrt (Ionenfallen) und in einer gemeinsamen Ordnung gehalten.

Generell lässt sich sagen, dass das Feld des Quantencomputers sowohl akademisch aber auch industriell höchst dynamisch ist. Es existieren auch Firmen und andere experimentelle Plattformen, welche mit Photonen, Rydberg-Atomen etc. arbeiten.

Die große Schwierigkeit besteht generell darin, die Quantenzustände für einen längeren Zeitraum aufrechtzuerhalten und dem Computer somit Zeit zum Rechnen zu geben. Die Qubits müssen daher streng von der Umwelt isoliert sein.

Fast alles kann ein Qubit aus seinem zerbrechlichen Zustand herausschleudern. Jedes Informationsleck wie Wärmestrahlung oder der Zusammenstoß mit einem Luftmolekül kann die Ordnung zerstören und die Superposition sofort zusammenbrechen lassen. Man betreibt den Quantencomputer daher im Vakuum und kühlt die Teilchen bis fast auf den absoluten Nullpunkt von -273 Grad Celsius ab.

Um einen Quantenrechner mit Information zu laden und auch für das Auslesen von Informationen benutzt man in der Regel Mikrowellenstrahlung (bei supraleitenden Schaltkreisen) oder Laserstrahlen.

Der Quantencomputer erfordert eine ganz neue Dimension der Ingenieurskunst. Aufgrund vieler schwieriger Anforderungen wird es diesen außerhalb der Laborsituation meines Erachtens daher erst in einigen Jahrzehnten geben.

# 24 Gedanken zum Thema Gott

Die Entstehung des Universums und des Lebens, im Besonderen aber auch das skurrile Verhalten der Quanten, ist nach wie vor ein großes Mysterium. Alle vorliegenden Erkenntnisse sprengen die Vorstellungskraft der meisten Menschen. Einerlei, mit welchem Thema der Quantenphysik man sich beschäftigt, überall kommt die Frage auf, wer denn so etwas gleichermaßen Faszinierendes und Abgefahrenes entworfen und letztendlich geschaffen hat. Sofern man akzeptiert, dass es eine höhere Intelligenz oder ein Schöpfer war, ergibt sich auch die Frage: Warum wurden das Universum und das Leben geschaffen? Hier einige meiner Überlegungen dazu:

Die Quantenphysik schärft nicht nur unsere Sinne im Hinblick auf das Unbegreifliche, sie verlangt auch Toleranz und Respekt gegenüber den Standpunkten anderer Menschen.

Ich möchte in diesem Kapitel weder einer Religion, einem religiösen Menschen noch einem Atheisten nahetreten, sondern lediglich einige Gedanken wiedergeben, die mich beim Schreiben dieses Buches im Hinblick auf Gott beschäftigt haben.

## Hat Gott den Menschen erschaffen?

Obwohl dank der modernen Wissenschaften viele alte Zöpfe abgeschnitten wurden, glauben immer noch rund 20 Prozent der deutschen Bevölkerung an eine göttliche Schöpfung des Menschen. Dies ist insofern äußerst erstaunlich, als die Evolutionstheorie fast einhellig anerkannt ist. Selbst die beiden großen deutschen Kirchen können mittlerweile gut mit dieser Theorie leben. Sie verweisen darauf, dass vieles in der Bibel nicht wörtlich, sondern symbolisch zu verstehen sei. Ein göttlicher Download ist nicht mehr nötig.

**Wollte Gott mit dem Grundplan des Universums einen Menschen erschaffen?**

**Stephen Hawking: „Wir alle sind nur eine weiterentwickelte Art von Affen auf einem unbedeutenden Planeten eines sehr durchschnittlichen Sterns."** [34]

Man fragt sich automatisch, welches Ziel das Universum hat und welchen Zweck es erfüllen soll.

Ist es geschaffen worden, damit wir Menschen darin leben und uns entwickeln können?

Auch wenn wir uns noch so wichtig fühlen, der Mensch spielt in unserem Universum nicht die erste Geige, sondern rangiert unter ‚Ferner liefen …'. Obwohl es so scheint, als wäre uns alles um uns herum auf den Leib geschneidert, sind wir doch ein Nichts im Universum und verdanken unser Dasein einer Milliarde von Jahren dauernden Evolution.

Vom ersten Archaeon vor 3,5 Milliarden Jahren bis hin zu den Trockennasenprimaten war es ein weiter Weg. Erst vor rund sieben Millionen Jahren begann im Tschad die Erfolgsgeschichte des Menschen. Betrachtet man die gesamte Zeitschiene des Universums und setzt diese mit 100 Prozent an, so hat es – zumindest auf der Erde – erst in den letzten 0,05 Prozent dieser Zeitspanne den Menschen gegeben.

Wären die Dinosaurier vor 66 Millionen Jahren nicht durch Meteoriteneinschläge und Vulkanausbrüche ausgestorben, ist es zumindest fraglich, ob es den Menschen überhaupt gäbe. Vielleicht würde die Erde heute von vogelartigen Raubsauriern und Trodoons bevölkert, die in ihren Nestern und Höhlen Werkzeuge herstellen und benutzen würden.

Wären ein paar Primaten nicht gezwungen gewesen, sich wegen des hohen Steppengrases aufzurichten, würden wir heute vielleicht noch in den Bäumen herumhüpfen. Hätte eine Punktmutation das Gehirn einer anderen Affenart schneller wachsen lassen als das des Menschen, wären heute vielleicht Schimpansen oder Bonobos die Chefs. Wir Menschen fühlen uns so wichtig, aber real betrachtet sind wir im Universum ohne große Bedeutung. Für das Leben auf der Erde sind Kieselalgen weitaus wichtiger als der Mensch.

**Wollte Gott mit dem Universum auch die Grundlage für Leben erschaffen?**

Unser Kosmos macht zwar durch explodierende Sonnen, alles in sich hineinsaugende Schwarze Löcher und viele andere Phänomene zunächst nicht den Eindruck, auf Leben ausgerichtet zu sein. Aber allein in unserer Muttergalaxie, der Milchstraße, gibt es Milliarden von erdähnlichen Planeten und eine Vielzahl bereits entdeckter Exoplaneten (der erdnächste ist Proxima Centauri b mit einer Entfernung von 4,2 Lichtjahren). Bei einem großen Anteil von diesen rechnet man sogar mit Wasservorkommen. Auch wenn noch alle anderen Randbedingungen für Leben erfüllt sein müssen, so ist es doch bei der riesigen Anzahl von etwa 200 Milliarden existierenden Galaxien mehr als wahrscheinlich, dass es im ganzen Universum verteilt Leben gibt (Christopher Conselice, Tom Westby: Aufgrund der astrobiologischen, kopernikanischen Grenze existieren rechnerisch 36 technische Zivilisationen in unserer Milchstraße.) – vielleicht aber in gänzlich anderer Form. Und vielleicht wollte ein Schöpfer genau dies.

Die Frage bleibt aber: Sofern irgendetwas in der Lage ist, ein Universum zu schaffen, damit Leben existieren kann, so wäre es doch sicher auch in der Lage gewesen, einfach nur eine oder auch hundert Erden zu schaffen, um dieses zu ermöglichen. Oder gehen wir noch einen Schritt weiter: Dieses Etwas wäre sicher auch in der Lage gewesen – trotz fehlender Feinabstimmung – einen oder mehrere Orte mit den notwendigen Voraussetzungen für kohlenstoffbasiertes Leben zu schaffen.

Aber vielleicht wollte ein Schöpfer genau dies nicht, sondern war darauf bedacht, dass sich Leben, ja intelligentes Leben in unterschiedlichster Form an verschiedensten Orten entwickeln kann.

Ich kann mich durchaus damit anfreunden, dass ein Gott Leben schaffen wollte.

Andererseits könnte es aber durchaus sein, dass es gar keinen Sinn des Lebens gibt und es einfach so entstanden ist.

## Lässt die Wissenschaft noch Platz für einen Gott?

Die Frage, ob es einen Gott gibt, beschäftigte über viele Epochen hin die Menschheit. Schon die antiken Völker hatten Ihre Götter. Mit Ihnen konnten Sie viele Phänomene erklären, welche Sie nicht verstanden. So schleuderte zum Beispiel Zeus die Blitze vom Himmel und Thor war bei den Wikingern für den Donner verantwortlich.

Im Laufe der Zeit waren derartige Wesen nicht mehr notwendig, da man Blitz und Donner physikalisch herleiten konnte. Die wissenschaftlichen Revolutionen der letzten Jahrhunderte haben Gott – zumindest was die Schöpfungsgeschichte angeht – immer weniger Platz eingeräumt. Die Lücken in den Wissenschaften, welche nur durch eine Gottheit geschlossen werden konnten, sind mit der Zeit doch sehr zusammengeschrumpft.

Wir können heute im Rahmen der Urknalltheorie die Entstehung des Universums – und dies auch ohne einen Gott – wissenschaftlich bis hin zum kleinstmöglichen Zeitintervall, der Planck-Zeit im Wesentlichen nachvollziehen. Dort, wo die Wissenschaft schließlich passen muss, kommt aber von vielen Seiten – immer noch schnell – ein göttliches Wesen ins Spiel.

Es gilt aber zu bedenken, dass es auch für die Zeit davor wissenschaftliche Ansätze, wie den von Stephen Hawking gibt: Aus dem Nichts kann durchaus Etwas entstehen.

**Gott und die Wissenschaft**
**Albert Einstein: „Wissenschaft ohne Religion ist lahm, Religion ohne Wissenschaft ist blind."**[35]

Grundsätzlich bin ich der Meinung, dass die naturwissenschaftliche Forschung immer ohne ein – egal wie beschaffenes – Gottesmodell ausgeübt werden muss. Sofern man aber keine passende Lösung findet, sollte sie aber, zumindest als Erklärung, Gott tolerieren.

In Deutschland glauben circa 60 Prozent der Erwachsenen an einen Gott. Bei den Wissenschaftlern in Deutschland und den USA sieht dies ganz anders aus. Die meisten von ihnen betrachten Gott als nicht existent. Nur geschätzt einer von fünf Wissenschaftlern glaubt an ihn.

Einige von diesen 20 Prozent tun dies aufgrund des Mangels für sie passender, anderer Alternativen. Ein anderer Teil akzeptiert keinen Zufallstreffer bei der Feinabstimmung der Naturkonstanten und unterstellt dieser Sinn und Zweck. Dies sind etwa der Mathematiker und Philosoph John Lennox und der Humangenetiker Francis Collius.

Generell keinen Widerspruch zwischen Forschung und Glauben sah Max Planck. Er meinte, Religion und Naturwissenschaften seien zwei völlig verschiedene Ebenen der Wirklichkeit.

# 25 Meine Meinung zu Gott

Ich möchte an dieser Stelle doch Folgendes vorausschicken:

Lassen Sie sich von meiner Meinung zu Gott nicht beeindrucken, denn eine Interpretation und letztlich die Bewertung, was für Sie logisch, wahrscheinlich, glaubhaft oder aber auch angenehm ist, müssen Sie, und nur Sie allein, für sich selbst vornehmen. Ob es einen Gott gibt, ist immer eine persönliche Position jedes Einzelnen von uns. Also Ihre Entscheidung, Ihr Gefühl.

Die Feinabstimmung der Naturkonstanten hat mich bei der Recherche zu diesem Buch doch außerordentlich beschäftigt und nachhaltig beeindruckt. Zusammenhängende Ereignisse mit einer jeweils derart geringen Eintrittswahrscheinlichkeit verlangen geradezu nach einer Erklärung.

Man könnte daraus durchaus auf einen Gott als Schöpfer schließen.

Andererseits gibt es aber Theorien, welche dieses ‚statistische Wunder' auch ohne einen Schöpfer möglich machen.


Die Stringtheorie zum Beispiel könnte mit ihren unendlich vielen Universen das optimale Zusammenspiel der Parameter, also die Feinabstimmung, bestens erklären. In diesem Modell geht man – wie beschrieben – davon aus, dass es nicht nur ein Universum, sondern bis zu $10^{500}$ Universen gibt. In allen herrschen weitestgehend andere physikalische Gesetze. In dieser unvorstellbaren Zahl existierender Universen mit ihren ‚zusammengerollten' Zusatzdimensionen (Calabi-Yau-Räume) wären dann eben auch eines oder mehrere dabei, in dem oder denen die Parameter exakt die Werte aufweisen, die wir benötigen. Trotz der gigantischen Anzahl an Möglichkeiten wäre dies zwar immer noch wie ein erstaunlicher, kosmischer Gewinn in einer Lotterie, aber doch denkbar.

Leider können wir diese Theorie bis heute keinem experimentellen Test unterziehen. Die Hoffnung auf eine empirische Bestätigung ist eher schwach.

Eine weitere Alternative, warum viele Kräfte und Prozesse in unserem Kosmos so feinabgestimmt sind und das Universum so ist, wie es ist, könnten übergeordnete Naturgesetze oder Konstruktionen – eine Art kosmischer Code – sein, die sich aber unserer Kenntnis entziehen. Hier bleibt dann die Frage offen, woher denn diese Komposition kommt und wieso es sie gibt.

Im Rahmen des zyklischen Universums oder des Big Bounce muss man in diesem Rahmen anmerken, dass die zurückliegende Zeitspanne bis zur Realisierung unseres heutigen Universums schlichtweg nicht vorstellbar ist.

In der Viele-Welten-Interpretation existiert kein Kollaps der gesamten Wellenfunktion. Durch die Wechselwirkung der Teilchen gibt es jedes Ergebnis oder Ereignis der Vergangenheit in einer anderen Welt. Dass wir in einem so fein ausbalancierten Zweig im Hyperraum existieren, ist nach der VWI darauf zurückzuführen, dass es in allen anderen Zweigen des Everettschen Multiversums, die diese Bedingungen schlechthin nicht bieten, keine intelligenten Lebewesen existieren, die sich die Frage nach der Feinabstimmung überhaupt stellen können.

In allen anderen lebensfeindlichen Welten, die es gibt, hätte sich kein Leben entwickeln können.

Die VWI kann die Feinabstimmung erklären. Der Preis dafür ist hoch. Man muss die fast unendliche Zahl der Multiversen schlucken.

Auch wenn aufgrund der benötigten Rechnerleistung die Wahrscheinlichkeit bei weit unter 50 Prozent liegt, besteht eine weitere Möglichkeit darin, dass das Universum aus Nullen und Einsen besteht und virtuell ist. Gemäß diesem Denkmodell hat ein Ingenieur oder eine künstliche Intelligenz die Voraussetzungen für das Universum und das Leben designed und mittels eines Rechners kalkuliert und umgesetzt. Alles ist nur ein großes Spiel oder das Forschen unserer Nachfahren in der eigenen Entwicklungsgeschichte.

Sowohl die Gedanken von George Hotz und Elon Musk im Rahmen einer allgemeineren, als auch die Simulationshypothese selbst, passen hervorragend zur Quantentheorie. Schwer begreifliches wie Überlagerungen von Wellenfunktionen, Wahrscheinlichkeiten für Zustände, Verschränkungen, … all dies ist wie maßgeschneidert für dieses Modell. Man kann mit ihm fast alles erklären.

Auf naturwissenschaftlichem Niveau kann man allerdings nur schwer Aussagen über diese Hypothese treffen. Es gibt weder eine empirische noch eine sonstige Evidenz, die darauf hinweist, dass sie wahr ist.

Wenngleich die Simulation doch recht abgefahren erscheint und auch von einigen Wissenschaftlern als Unfug abgetan wird, so ist diese aus meiner laienhaften Sicht eine zumindest beachtenswerte Hypothese.

Ein persönlicher Störfaktor ist die Kausalität, die Endlosschleife bei der Frage, wer oder was denn den Rechner und den Programmierer geschaffen hat. Aber diese Frage ergibt sich ja ebenfalls bei der Bejahung eines Schöpfergottes. Woher kommt er, wer hat ihn geschaffen?

Viele der Theorien, die zur Entstehung des Universums und über parallele Welten wissenschaftlich fundierte Aussagen machen, haben aus meiner Sicht ihre absolute Berechtigung. Als Laie kann ich nicht einmal ansatzweise versuchen, diese zu widerlegen. Ich muss sie so nehmen, wie sie sind und als logisch und begründet stehen lassen. Keine der Theorien benötigt aus meiner Sicht einen schaffenden Gott. Nehmen wir aber exemplarisch die Urknalltheorie, so könnte am Anfang auch ein Gott das Universum erschaffen haben. Nahezu alles ist möglich, solange nicht das Gegenteil bewiesen ist. Dies gilt auch für eine göttliche Erschaffung von einem, mehreren oder gar unendlich vielen Universen.

Über kurz oder lang wird sich manche der gängigen Theorien stabilisieren. Andere werden wie ein Kartenhaus zusammenstürzen und neue Theorien werden hinzukommen. Aus meiner bescheidenen Sichtweise heraus werden wir die Existenz Gottes aber zu keiner Zeit ausschließen oder beweisen können.

Im Moment sieht es so aus, dass der Urknall in Verbindung mit den Stringtheorien und deren vielen theoretischen Freiheiten sowie ihrer schier endlos großen Zahl an Universen an vorderster Front steht.

Obwohl die gesamte Quantenphysik auf dem Prinzip Zufall beruht und auch der Urknall zufällig entstanden sein kann, widerstrebt es mir – einerlei, welche Theorie ich nun wähle –, den Zufall als Schöpfungstheorie zu akzeptieren.

Es gibt meines Erachtens einen zielgerichteten Zweck bei der Erschaffung unseres Kosmos und vielleicht auch aller eventuellen anderen Universen. Die beziehungsreiche Komplexität in unserem kosmischen Raum kann meines Erachtens nicht von allein oder zufällig entstanden sein. Unser beschränkter menschlicher Geist ist nur nicht in der Lage – und dies wird sich wahrscheinlich auch in der Zukunft nicht ändern –, diese Konzeption zu verstehen.

Der italienische Physiker Carlo Rubbia, ehemals Leiter des europäischen Kernforschungszentrums Cern bei Genf, äußerte zu Gott: *„Als Forscher bin ich tief beeindruckt durch die Ordnung und Schönheit, die* *ich im Kosmos finde, sowie im Innern der materiellen Dinge. Und als Beobachter der Natur kann ich den Gedanken nicht zurückweisen, dass hier eine höhere Ordnung der Dinge existiert. Es ist eine Intelligenz auf höherer Ebene vorgegeben, jenseits der Existenz des Universums selbst.* "[36]

Auch mich beeindruckt die allgemeine kosmische Ordnung sehr. Alles ist so arrangiert, dass es eine ausgefeilte Chemie, mathematisch formulierbare Ordnung und schließlich das Leben geben kann.

Schon das bloße Vorhandensein von Materie erscheint mir als Wunder, denn allein in der Elementarteilchenphysik gibt es 26 Naturkonstanten. Es muss sich hinter der Schöpfung eine Idee verbergen, in der die Existenz von Leben eine ganz zentrale Rolle gespielt hat. Zusammenfassend kann ich sagen, dass mich die Recherchen zu diesem Buch Gott wieder einen Schritt nähergebracht haben.

**Carl Friedrich von Weizäcker: „Der erste Schluck aus dem Becher der Naturwissenschaft macht atheistisch, aber auf dem Grunde des Bechers wartet Gott!«** [37]

Wenn Sie mich nun fragen, wie man sich Gott vorstellen kann, die glasklare Antwort: Dies ist jetzt Ihr Part.

Liebe Leserinnen und Leser, ich bin nun am Ende und werde mir ein paar Bauklötzchen, Knetstangen sowie einen Kreisel und ein Laufrad kaufen. Ich fange dann mit einem anderen Thema nochmals ganz von vorne an.

# 26 Danksagung

Ein liebevolles Dankeschön an meine Frau für das in jeder Hinsicht große Verständnis, das sie mir während des Nachforschens und Schreibens
entgegengebracht hat.

Ohne den großen Freiraum, den sie mir gewährt hat, wäre dieses Buch
nicht entstanden.

Danke an meine Tochter Kathrin für die Formatierung des Textes und
die umfangreichen redaktionellen Tätigkeiten.

Danke an meinen Sohn Andreas, der einen Großteil der Illustrationen
für dieses Buch geschaffen hat.

Vielen Dank der Kelly GmbH für die in jeder Hinsicht unkomplizierte
Zusammenarbeit und das exzellente Lektorat.

Ein ganz herzliches Dankeschön an Herrn Dr. Julian Struck. Da ein wis-
senschaftliches Lektorat in einem akzeptablen Zeitrahmen nicht zu bu-
chen war, hat er sich spontan bereit erklärt, einen groben Blick auf den
quantenphysikalischen Teil des Buches zu werfen.

Für die in jeder Hinsicht großartige Unterstützung bei der Erstellung
und Veröffentlichung des Buches bedanke ich mich bei Frau Daniela
Rode von Books on Demand.

Mein besonderer Dank gilt all den Verfassern guter Sachbücher, hervor-
ragender Artikel und Videobeiträge im Netz, die mir als Autodidakten
den Einstieg in das begeisternde Thema ermöglicht haben.

# 27 Quellenverzeichnis

## 27.1 Bücher

Arroyo Camejo, Silvia: Skurrile Quantenwelt, Fischer Taschenbuch Verlag, 2007, ISBN: 978-3-596-17489-8

Audretsch, Jürgen: Die sonderbare Welt der Quanten, C.H. Beck, 2012, ISBN 978-3-406-64351-4

Matting, Matthias: Die faszinierende Welt der Quanten, Amazon, AO Edition, Jahreszahl o. A., ISBN 978394723224

Meier, Christian J.: Eine kurze Geschichte des Quantencomputers, Heise, 2015, ISBN 978-3-944099-06-4

Starkmuth, Jörg: Die Entstehung der Realität, GOLDMANN, 2010, ISBN:978-3-442-21926-1

Zeilinger, Anton: Einsteins Schleier, GOLDMANN, 2005, ISBN: 978-3-442-15302-2

Zeilinger, Anton: Einsteins Spuk, GOLDMANN, 2007, ISBN: 978-3-442-15435-7

## 27.2 Artikel Internet

Aigner, Florian & Grafenhofer, Dominik: Es klappt nur, wenn niemand hinsieht, naklar.at, https://www.naklar.at/content/features/quanten-kollaps/, 27.01.2010

Aigner, Florian & Grafenhofer, Dominik: Wie Einstein die Lichtteilchen erfand, naklar.at, https://www.naklar.at/content/features/photoeffekt/, 15.12.2019

B., Martin: Der Quanten-Zeno-Effekt, Sience Blogs, 08.09.2018, https://scienceblogs.de/hier-wohnen-drachen/2018/09/08/der-quanten-zeno-effekt/, 19.12.2021

Blume, Rüdiger: Prof. Blumes Tipp des Monats, (Tipp-Nr. 152), Zahlenspielereien um das Wasserstoffatom, Februar 2010, Chemieunterricht.de, http://www.chemieunterricht.de/dc2/tip/02_10.htm, 21.10.2019

Crossley, Antony: Was ist Licht?, Pädagogische Hochschule Ludwigsburg, https://www.ph-ludwigsburg.de/fileadmin/subsites/2f-phys-t-01/ac/Light.pdf, 06.12.2019

Eggli, Rafael: Wir leben in einer Quantenwelt ohne es zu merken, Schweizerische Studienstiftung, https://www.studienstiftung.ch/blog/2019/01/08/blog-wir-leben-in-einer-quantenwelt-ohne-es-zu-merken/, 28.10.2021

Fecht, Nikolaus & Thoss, Andreas: Die Geschichte des Lasers und seine Zukunft, Technik und Wissen, https://www.technik-und-wissen.ch/die-geschichte-des-lasers-und-seine-zukunft.html, 29.01.2021

Freistetter, Florian: Vera Rubin, die Dunkle Materie und der Nobelpreis, golem.de, 03.01.2017, https://www.golem.de/news/nachruf-vera-rubin-die-dunkle-materie-und-der-nobelpreis-1701-125333.html, 21.11.2019

Freistetter, Florian: Wohin verschwindet das Licht wenn es dunkel wird?, ScienceBlogs, 09.02.2015, http://scienceblogs.de/astrodicticum-simplex/2015/02/09/wohin-verschwindet-das-licht-wenn-es-dunkel-wird/, 14.12.2019

Gabel, Dr. Oliver: Quantenverschränkung in der Technik, Fraunhofer-Institut, https://www.int.fraunhofer.de/content/dam/int/de/documents/EST/EST-1119-Quantenverschr%C3%A4nkung-in-der-Technik.pdf, 05.08.2021

Großmann, Siegfried: Äquivalenz von Energie und Masse, Bundesministerium für Bildung und Forschung, Welt der Physik, 22.02.2012, https://www.weltderphysik.de/thema/albert-einstein-und-die-relativitaetstheorie/energie-masse-aequivalenz/, 23.12.2021

Grotz, Bernhard: Grundwissen Physik, Atommodelle, https://www.grundwissen.de/physik/atomphysik/atommodelle.html, 02.10.2019

Haroche, Serge: Nobelpreisträger Serge Haroche erklärt an der TU Dresden Licht und Materie, Technische Universität Dresden, 21.06.2018, https://tu-dresden.de/tu-dresden/newsportal/news/nobelpreistraeger-serge-haroche-erklaert-an-der-tu-dresden-licht-und-materie, 08.12.2021

Heindl, Thomas: Multiversum Theorien und Parallelwelten – eine Übersicht, Allgemeine Theorie der Interaktion, interaktionstherorie, 2014, https://interaktionstheorie.org/multiversum-theorien-eine-uebersicht/, 31.12.2019

Hogan, Dr. Craig J: Deuterium und der frühe Kosmos, Spektrum der Wissenschaft, 01.02.1997, https://www.spektrum.de/magazin/deuterium-und-der-fruehe-kosmos/823645, 08.11.2019

Knopf, Ingo & Funk, Sebastian: So funktioniert ein Quantencomputer Quarks, 20.12.2019, https://www.quarks.de/technik/faq-so-funktioniert-ein-quantencomputer/, 18.08.2021

Koops, Michael: Atome, Biologie Lexikon, 14.01.2013, http://www.biologie-lexikon.de/lexikon/atom.php, 23.11.2019

Kovic, Marco: Wir leben so gut wie sicher in einer Computersimulation, Netzwoche, 23.06.2019, https://www.netzwoche.ch/news/2019-06-23/wir-leben-so-gut-wie-sicher-in-einer-computersimulation/0lt0, 25.07.2021

Küpper, Hans-Josef: Einstein Biographie, Einstein-Website, https://www.einstein-website.de/z_biography/biographie.html, 25.12.2019

Podbrega, Nadja: Die Macht der »Viererbande«, scinex das wissensmagazin, Februar 2017, https://www.scinexx.de/dossierartikel/die-macht-der-viererbande/, 10.11.2019

Paetsch, Martin: Das Universum hat keinen Anfang, SPIEGEL Wissenschaft, 26.04.2002, https://www.spiegel.de/wissenschaft/weltall/neue-welterklaerung-das-universum-hat-keinen-anfang-a-193695.html, 08.06.2022

Passon, Oliver & Grebe-Ellis, Johannes: Was ist eigentlich ein Photon?, Universität Wuppertal, https://www.physikdidaktik.uni-wuppertal.de/fileadmin/physik/didaktik/Forschung/Publikationen/Passon/Passon_

Grebe-Ellis_2015_Moment_mal_was_ist_eigentlich_ein_Photon.pdf, 26.06.2022

Rechenberg, Helmut: Biographie von Werner Heisenberg, Heisenberg Gesellschaft, https://www.heisenberg-gesellschaft.de/biographie-von-werner-heisenberg.html, 10.02.2020

Schulz, Joachim: Atomphysik und Quantenmechanik verstehen, Joachims Quantenwelt, http://www.quantenwelt.de/, 06.01.2021

Schulz, Joachim: Atomismus nach Leukipp und Demokrit, Joachims Quantenwelt, http://www.quantenwelt.de/atomphysik/modelle/demokrit.htm, 06.09.2021

Törring, Jens Thoms: Das Spektrum des Lichts, Freie Universität Berlin, 12.08.2008, https://www.sonnentaler.net/dokumentation/wiss/optik/weiter/spektrum/, 13.12.2019

Törring, Jens Thoms: Was ist eigentlich Licht?, Freie Universität Berlin, 25.07.2008, https://www.sonnentaler.net/dokumentation/wiss/optik/grund/was-ist-licht/, 14.12.2019

Vaas, Rüdiger: Warum das Beamen von Menschen unmöglich ist, Wissenschaft.de, 23.09.2003, https://www.wissenschaft.de/allgemein/warum-das-beamen-von-menschen-unmoeglich-ist/, 23.12.2021


Diverse Autoren: Atom, Wikipedia, https://de.wikipedia.org/wiki/Atom, 24.11.2019

Diverse Autoren: Atomorbital, Wikipedia, https://de.wikipedia.org/wiki/Atomorbital, 19.12.2022

Diverse Autoren: Beobachter (Physik), Wikipedia, https://de.wikipedia.org/wiki/Beobachter_(Physik), 15.02.2020

Diverse Autoren: Chemisches Element, Wikipedia, https://de.wikipedia.org/wiki/Chemisches_Element, 21.10.2019

Diverse Autoren: Compton-Effekt, Wikipedia, https://de.wikipedia.org/wiki/Compton-Effek, 17.12.2019

Diverse Autoren: Dekohärenz, Wikipedia, https://de.wikipedia.org/wiki/DekohProzentC3ProzentA4renz, 23.01.2021

Diverse Autoren: Der weltweit erste Universalrechner ENIAC wird 75 Jahre alt, Digitale Exzellenz, Digitale Exzellenz History, https://www.digitale-exzellenz.de/happy-birthday-eniac/, 16.08.2021

Diverse Autoren: Elementarteilchen, Wikipedia, https://de.wikipedia.org/wiki/Elementarteilchen, 11.11.2019

Diverse Autoren: Erwin Schrödinger, Wikipedia, https://de.wikipedia.org/wiki/Erwin_Schrödinger, 01.03.2020

Diverse Autoren: Feinabstimmung der Naturkonstanten, Wikipedia, https://de.wikipedia.org/wiki/Feinabstimmung_der Naturkonstanten, 15.07.2021

Diverse Autoren: Heisenbergsche Unschärferelation, Wikipedia, https://de.wikipedia.org/wiki/Heisenbergsche_Unschärferelation, 17.02.2020

Diverse Autoren: Licht, Wikipedia, https://de.wikipedia.org/wiki/Licht, 12.12.2019

Diverse Autoren: Materie (Physik), Wikipedia, https://de.wikipedia.org/wiki/Materie_(Physik), 21.10.2019

Diverse Autoren: Molekül, Wikipedia, https://de.wikipedia.org/wiki/Molekül, 26.11.2019

Diverse Autoren: Parallelwelt, Wikipedia, https://de.wikipedia.org/wiki/Parallelwelt, 31.12.2019

Diverse Autoren: Photoelektrischer Effekt, Wikipedia, https://de.wikipedia.org/wiki/Photoelektrischer_Effekt, 06.12.2019

Diverse Autoren: Plancksches Wirkungsquantum, Wikipedia, https://de.wikipedia.org/wiki/Plancksches_Wirkungsquantum, 22.12.2019

Diverse Autoren: Quantenfeldtheorie, Wikipedia, https://de.wikipedia.org/wiki/Quantenfeldtheorie, 08.03.2020

Diverse Autoren: Quantenverschränkung, Wikipedia, https://de.wikipedia.org/wiki/QuantenverschrProzentC3ProzentA4nkung, 25.05.2021

Diverse Autoren: Teilchenphysik: Die Grundkräfte, Wikibooks, https://de.wikibooks.org/wiki/Teilchenphysik:_Die_Grundkräfte, 09.11.2019

Diverse Autoren: Teleportation, Wikipedia, https://de.wikipedia.org/wiki/Teleportation, 07.06.2021

Diverse Autoren: Teleportation, CHEMIE.DE, https://www.chemie.de/lexikon/Teleportation.html, 16.06.2021

Diverse Autoren: Urknall, Wikipedia, https://de.wikipedia.org/wiki/Urknall, 23.11.2019

Diverse Autoren: Viele-Welten-Interpretation, Wikipedia, https://de.wikipedia.org/wiki/Viele-Welten-Interpretation, 09.11.2021

Diverse Autoren: Werner Heisenberg, Wikipedia, https://de.wikipedia.org/wiki/Werner_Heisenberg, 10.02.2020


**Artikel Ohne Autorenangaben:**

O.A: Anteile chemischer Elemente am menschlichen Körper nach Gewicht und Menge der Atome, Statista GmbH, 15.09.2014, https://de.statista.com/statistik/daten/studie/327830/umfrage/anteile-chemischer-elemente-am-menschlichen-koerper-nach-gewicht-und-menge-der-atome/, 26.11.2019

O.A.: Atomwitze Top 10, Witze.net, https://witze.net/atom-witze, 22.10.2020

O.A.: Aufbau der Materie, Bundesministerium für Bildung und Forschung, Welt der Physik, https://www.weltderphysik.de/gebiet/teilchen/bausteine/aufbau-der-materie/, 22.11.2019

O.A.: Aus wie vielen Atomen besteht ein Mensch?, Joachim Herz Stiftung, LEIFIphysik, Atomaufbau, https://www.leifiphysik.de/atomphysik/atomaufbau/aufgabe/aus-wie-vielen-atomen-besteht-ein-mensch, 18.11.2019

O.A.: Biographie und Lebenslauf von Albert Einstein, Biologie-Schule.de, http://www.biologie-schule.de/albert-einstein.php, 28.12.2019

O.A.: Biografie und Lebenslauf von Erwin Schrödinger, Biologie-Schule. de, http://www.biologie-schule.de/erwin-schroedinger.php, 01.03.2020

O.A.: Biographie und Lebenslauf von Max Planck, Biologie-Schule, http:// www.biologie-schule.de/max-planck.php, 16.12.2019

O.A.: Biografie und Lebenslauf von Werner Heisenberg, Biologie-Schule, http://www.biologie-schule.de/werner-heisenberg.php, 10.02.2020

O.A.: Buntbarsche sehen Infrarot, scinexx, 26.10.2012, https://www. scinexx.de/news/biowissen/buntbarsche-sehen-infrarot/, 10.12.2019

O.A.: Compton-Effekt, ABI PHYSIK, http://www.abi-physik.de/buch/ quantenmechanik/compton-effekt/, 18.12.2019

O.A.: Das Jönsson-Experiment, physikunterricht-online.de, https:// physikunterricht-online.de/jahrgang-12/das-joensson-experiment/, 02.02.2020

O.A.: Die Einstein'sche Lichtquantenhypothese, physik4all, https://www. physik4all.de/quanten/lichtquantenhypothese, 10.12.2019

O.A.: Die Suche nach der Weltformel, Odenwalds Universum, Focus on-line, https://www.focus.de/wissen/weltraum/odenwalds_universum/ tid-20873/urknall-theorie-die-suche-nach-der-weltfor mel_aid_585444. html, 26.12.2019

O.A.: Die verdammte Quantenspringerei, Wissenschaft.de, 16.10.2012, https://www.wissenschaft.de/allgemein/die-verdammte-quanten-springerei/, 24.01.2020

O.A: Ein Neutron will in die Disco, Kaufdex, Lustige Zitate, https://www. kaufdex.com/ein-neutron-will-in-die-disco, 10.12.2019

O.A.: Entstehung der Elemente, Bundesministerium für Bildung und Forschung, Welt der Physik, https://www.weltderphysik.de/gebiet/teil-chen/hadronen-und-kernphysik/elemententstehung-und-erzeugung/ entstehung-der-elemente/, 11.11.2019

O.A.: Grenzen unserer Erkenntnis, Universität Ulm, https://www.uni-ulm.de/fileadmin/website_uni_ulm/nawi.inst.251/Didactics/quanten-chemie/html/Grenzen.html, 27.01.2020

O.A.: Laseranwendungen, BFS, Bundesamt für Strahlenschutz, https://www.bfs.de/DE/themen/opt/anwendung-alltag-technik/laser/anwendungen/laseranwendungen_node.html, 30.01.2022

O.A.: Licht, Optikunde, https://www.optikunde.de/licht/, 11.12.2019

O.A.: Licht aller Sterne gemessen, scinexx, 30.11.2018, https://www.scinexx.de/news/kosmos/licht-aller-sterne-gemessen/, 06.01.2020

O.A.: Licht in der Quantenphysik, Phynet, http://www.phynet.de/optik/licht-in-der-quantenphysik, 10.12.2019

O.A.: Lichttheorien, Spektrum Akademischer Verlag, Lexikon der Optik, https://www.spektrum.de/lexikon/optik/lichttheorien/1867, 13.12.2019

O.A.: Plancksches Wirkungsquantum, LERN HELFER, https://www.lernhelfer.de/schuelerlexikon/physik-abitur/artikel/plancksches-wirkungsquantum, 21.12.2019

O.A.: Schätzung für unsere Galaxie: 36 außerirdische Zivilisationen, RedaktionsNetzwerk Deutschland, https://www.rnd.de/wissen/ausserirdische-zivilisationen-forscher-vermuten-36-zivilisationen-in-unserer-galaxie-RHVMC5EMH5XEFTIJAP25CS7KVM.html, 17.05.2022

O.A.: Schroedinger Gleichung, Universität Ulm, https://www.uni-ulm.de/fileadmin/website_uni_ulm/nawi.inst.251/Didactics/quantenchemie/html/SchroedF.html, 06.09.2021

O.A: Schülerinfo: Dalton und sein Atommodell, Zentrum für Schulqualität und Lehrerbildung (ZSL), https://lehrerfortbildung-bw.de/u_matnatech/chemie/gym/bp2004/fb2/modul2/info/, 06.09.21

O.A.: Tunneleffekt, Max-Planck-Instituts für Gravitationsphysik, Einstein online, https://www.einstein-online.info/explandict/tunneleffekt/, 29.10.2021

O. A.: Wie funktioniert ein Laser, Bundesministerium für Bildung und Forschung, Welt der Physik, https://www.weltderphysik.de/gebiete/teilchen/licht/konventionelle-laser/wie-funktioniert-ein-laser/, 29.01.2021

O.A.: Worin ähnelt die Naturphilosophie des Anaxagoras der Platonischen Ideenlehre?, Leseprobe der Platonischen Ideenlehre, Grin, https://www.grin.com/document/471444, 23.12.2021

O.A.: Woraus besteht das Universum?, ESO Supernova, https://supernova.eso.org/germany/exhibition/1114/, 01.12.2021

O.A: Zitate, Forum Einstein, https://www.forum-einstein.org/zitate.html, 19.12.2019

O.A.: 205 Zitate und 22 Gedichte über Licht, APHORISMEN.DE, https://www.aphorismen.de/suche?f_thema=Licht, 23.12.2019

## 27.3 Videos

Campell, Tom: Wheeler-Experiment zum virtuellen Realitätsmodell, matrixwissen, YouTube, 03.02.2020, https://www.youtube.com/watch?v=6dYbx0lDqgY

Doktor Whatson: Bin ich alle 7 Jahre ein neuer Mensch?, YouTube, 22.11.2019, https://www.youtube.com/watch?v=xt7Yk6Nc0BQ

Gaßner, Josef M.: Urknall, Weltall und das Leben, Aristoteles zur Stringtheorie, 10 Irrtümer der Quantenmechanik, YouTube, 06.02.2020, https://www.youtube.com/watch?v=RavR29kXUGw

Gaßner, Josef M.: Urknall, Weltall und das Leben, Kann man Photonen im Flug filmen?, YouTube, 10.12.2019, https://www.youtube.com/watch?v=O-qQuuazrNA

Gaßner, Josef M.: Urknall, Weltall und das Leben, Plancksches Wirkungsquantum, YouTube, 18.12.2019, https://urknall-weltall-leben.de/component/k2/item/436-plancksches-wirkungsquantum-aristoteles-stringtheorie-24-josef-m-gassner.html

Gaßner, Josef M.: Urknall, Weltall und das Leben, Quantenfeldtheorie, Zweite Quantisierung, YouTube, 08.03.2020, https://www.youtube.com/watch?v=uJXBRlXyH44

Lesch, Harald: Urknall, Weltall und das Leben, Schrödingers Katze und die Dekohärenz, YouTube, 06.06.2021, https://www.youtube.com/watch?v=ccHYthWcAYo

Lesch, Harald: Aufbau der Materie, YouTube, 30.09.2019, https://www.youtube.com/watch?v=3nWztvPz_h0

Lesch, Harald: Die Materie entsteht, YouTube, 10.10.2019, https://www.youtube.com/watch?v=JYtxVtPlzYE

Lesch, Harald: Dunkle Energie I Grundlagen, 11.11.2019, https://www.youtube.com/watch?v=owJ1RB0e55U

Lesch, Harald: Quantenmechanik für Laien, YouTube, 29.09.2019, https://www.youtube.com/watch?v=FwNV_e-Xz68

Lesch, Harald: Sience vs. Fiction – Das Beamen, YouTube, 07.06.2021, https://www.youtube.com/watch?v=WH03Ov54sos

Lesch, Harald: Was ist Licht?, ARD alpha, alpha-Centauri, YouTube, 10.12.2019, https://www.br.de/mediathek/video/alpha-centauri-14062019-was-ist-licht-av:5c1ae10a945a0100189bf46c

Lesch, Harald: Williams Jimmy: Ist Beamen möglich?, YouTube, 07.06.2021, https://www.youtube.com/watch?v=4G4jB67VRPs

Tong, David: Quantenfelder: Die wirklichen Bausteine des Universums – The Royal Institution, YouTube, 06.03.2020, https://www.youtube.com/watch?v=zNVQfWC_evg

## Videos Ohne Autorenangaben:

O.A.: Das Universum, Die erste Sekunde, YouTube, 26.11.2019, https://www.youtube.com/watch?v=NJhADMdZesU

O.A.: Dein Universum, Mikrokosmos im Maßstab 1:1 Billion, YouTube, 13.10.2019, https://www.youtube.com/watch?v=Pc63AhFuGD8

O.A.: Der Compton-Effekt, Physik-simpleclub, YouTube, 10.12.2019, https://www.youtube.com/watch?v=dvySzLz3ZYU

O.A.: Die Heisenbergsche Unschärferelation, Physik-simpleclub, YouTube, 17.02.2020, https://www.youtube.com/watch?v=pBekV7dXdfY

O.A.: Kopenhagener Deutung, Universaldenker, YouTube, 27.12.2020, https://www.youtube.com/watch?v=6LX4HZ_p3DM&lc=-UghV8p0jCRpne3gCoAEC

O.A.: Quantenverschränkung erstmals live auf Kamera Universität Wien, YouTube, 06.06.2021, https://medienportal.univie.ac.at/presse/aktuelle-pressemeldungen/detailansicht/artikel/quantenverschraenkung-erstmals-live-auf-kamera/

O.A.: Spukhafte Quantenverschränkung, 100 Sekunden Physik.de, YouTube, 26.05.2021, https://www.youtube.com/watch?v=mFWOuS-KTtS8&list=PLxBGoo9cyo3_JE55cjwr6uzV6tgzi4rs2&index=20

O.A.: Was ist das Plancksche Wirkungsquantum, Schmidtpunkt der Wissenschaft, YouTube, 21.12.2019, https://www.youtube.com/watch?v=vF8xJlxcZ3Q

O.A.: Was ist Dekohärenz?, Der Physik-Kanal, Moderne Physik und Philosophie 20, YouTube, 19.12.2020, https://www.youtube.com/watch?v=9ezqU-YdNlQ

O.A.: Wie funktioniert Teleportation?, CompactPhysics, YouTube, 21.06.2021, https://www.youtube.com/watch?v=k6788FlnjIQ

O.A.: Wissenschaftliche Teleportation – Beamen wird real, 100Sekunden-Physik.de, YouTube, 07.06.2021, https://www.youtube.com/watch?v=sxoNpKVhx2c

## 27.4 Zitate

1 Feynman, Richard: LEIFIphysik, Joachim Herz Stiftung, https://www.leifiphysik.de/quantenphysik/quantenobjekt-elektron/grundwissen/welle-teilchen-dualismus, 09.07.2022

2 Einstein, Albert: Nur-Zitate.com, https://www.nur-zitate.com/zitat/679, 15.05.2022

3 Heisenberg, Werner Karl: 1000 Zitate, https://1000-zitate.de/11133/Alle-Elementarteilchen-sind-aus-derselben-Substanz.html, 15.5.2022

4 Einstein, Albert: Zitate berühmter Personen, https://beruhmte-zitate.de/autoren/albert-einstein/?page=4, 17.05.2022

5   Förster, Marc: APHORISMEN.DE, https://www.aphorismen.de/
    zitat/97191, 14.05.2022

6   Einstein, Albert: Deutsches Patent-und Markenamt, Erfinderaktivi-
    täten 2013, https://www.dpma.de/docs/dpma/veroeffentlichungen/
    erfinderaktivitaeten/ea_2013.pdf, 14.05.2022

7   Bohr, Niels: LEIFIphysik, https://www.leifiphysik.de/quantenphysik/
    quantenobjekt-elektron/grundwissen/welle-teilchen-dualismus,
    16.05.2022

8   Einstein, Albert: gutezitate, https://gutezitate.com/zitat/118599,
    18.05.2022

9   Eddington, Sir Arthur: Lichtfragen.info, Was ist Licht?, https://www.
    lichtfragen.info/de/was-ist-licht/eine-kurze-kulturgeschichte-des-lich-
    tes.html, 17.05.2022

10  Planck, Max: deutscher bildungsserver, https://www.bildungsserver.
    de/Max-Planck-12742-de.html #: ~:text=%22Wenn%20Sie%20die%20
    Art%20und,Jahrhunderts, 14.05.2022

11  Einstein, Albert: FORUMEINSTEIN, https://www.forum-einstein.
    org/zitate.html, 18.05.2022

12  Einstein, Albert: ZITATE-ONLINE.DE, https://www.zitate-online.
    de/sprueche/wissenschaftler/689/wenn-man-zwei-stunden-lang-mit-
    einem-maedchen.html, 17.05.2022

13  Einstein, Albert: gutezitate, https://gutezitate.com/zitat/237351,
    10.07.2022

14  Bohr, Niels: gutezitate, https://gutezitate.com/zitat/278862,
    15.05.2022

15  Grün, Anselm & Grün, Michael: Zwei Seiten einer Medaille, Gott und
    die Quantenphysik, 3. Auflage, Vier-Türme-Verlag, 2015

16  Einstein, Albert: Astronews, Forum, https://www.astronews.com/
    forum/showthread.php?3284-Existiert-der-Mond-wenn-ihn-keiner-
    anschaut, 18.05.2022

17  Einstein, Albert: gutezitate, https://gutezitate.com/zitat/137929,
    18.05.2022

18 Bohr, Niels: WIKIPEDIA, Gott würfelt nicht, https://de.wikipedia.org/wiki/Gott_w%C3%BCrfelt_nicht, 19.05.2022

19 Hawking, Stephen: Watson, https://www.watson.de/wissen/articles/263536853-7-legendaere-zitate-von-stephen-hawking, 17.05.2022

20 Zeilinger, Anton: Spukhafte Fernwirkung, 6. Auflage, Goldmann Verlag, 2007

21 Weinberg, Steven: gutezitate, https://gutezitate.com/autor/steven-weinberg, 18.05.2022

22 Planck, Max: Zitate berühmter Personen, Zitate von Max Planck, https://beruhmte-zitate.de/autoren/max-planck/, 10.07.2022

23 Heisenberg, Werner: Zitate-Aphorismen, Lebensweisheiten, https://zitate-aphorismen.de/zitat/quantentheorie-und-objektivitaet/, 16.05.2022

24 Schrödinger, Erwin: Wikiquote, https://de.wikiquote.org/wiki/Erwin_Schr%C3%B6dinger, 19.05.2022

25 Feynmann, Richard: T.Hey, P. Walter: Das Quantenuniversum (Spektrum, 1998) genannt in Silvia Arroyo Camejo: Skurrile Quantenwelt, Springer Verlag, 2006

26 Einstein, Albert: Zitate Online, https://www.zitate-online.de/sprueche/historische-personen/19068/man-hat-den-eindruck-dass-die-moderne-physik.html, 15.05.2022

27 Heisenberg, Werner: Zitate-Aphorismen-Lebensweisheiten, https://zitate-aphorismen.de/zitate/elementarteilchen-teil/, 18.05.2022

28 Einstein, Albert: Aus Notizen zu: Wie moderne Physik uns die Struktur aller Materie beschreibt; Materie, Materieteilchen, http://greiterweb.de/welt-verstehen/0-072-Wie-moderne-Physik-uns-die-Struktur-aller-Materie-beschreibt.htm, 10.07.2022

29 Archimedes: Aphorismen, https://www.aphorismen.de/zitat/119697, 16.05.2022

30 Einstein, Albert: genannt in Robert Czepel: Das größte Quantenexperiment der Welt, science ORF, https://science.orf.at/v2/stories/2810289/, 17.05.2022

31 Giaever, Ivar: Physik für alle!, https://physik.cosmos-indirekt.de/
physik_137/index.php?title=Ivar_Giaever&oldid=67, 18.05.2022

32 Köditz, Jürgen: Aphorismen, https://www.aphorismen.de/zitat/
197449, 20.05.2022

33 Latzel, Siegbert: Aphorismen, https://www.aphorismen.de/zitat/
165475, 16.05.2022

34 Hawking Stephen: Gedankenwelt, 21 seiner berühmtesten Sätze,
https://gedankenwelt.de/stephen-hawking-21-seiner-beruehmtesten-
saetze/, 18.05.2022

35 Einstein, Albert: Markus C. Schulte von Drach: Die Bibel ist eine
Sammlung primitiver Legenden, Süddeutsche Zeitung, https://www.
sueddeutsche.de/wissen/einstein-brief-bei-ebay-die-bibel-ist-eine-
sammlung-primitiver-legenden-1.1490997, 16.05.2022

36 FOCUS Online, Wer erschuf das Universum und warum?, Sonntag,
20.10.2013, 08:12, https://www.focus.de/wissen/weltraum/oden-
walds_universum/woran-naturforscher-glauben-gott-vs-wissenschaft_
id_2866166.html, 18.05.2022

37 Kirche im SWR, 14.03.2012, von Rolf Burket, Bad Kreuznach,
Evangelische Kirche , https://www.kirche-im-swr.de/?page=beitraege-
&id=12662, 19.05.2022

## 27.5  Bilder

Abbildung 12: Interferenz (Von Jkrieger 16:41, 5.Mär 2007 (CET) – Ei-
genes Werk, Copyrighted free use, https://commons.wikimedia.org/w/
index.php?curid=50733834

Abbildung 16: Die halbtote Katze (Adobe Stock Foto Nutkins J).